动物生理学
实验教程

DONGWU SHENGLIXUE
SHIYAN JIAOCHENG

主 编：袁伦强　蒲德永　匡　鹏
　　　　罗毅平　闫玉莲　刘小红

西南大学出版社
国家一级出版社 全国百佳图书出版单位

图书在版编目(CIP)数据

动物生理学实验教程 / 袁伦强等主编. -- 重庆:
西南大学出版社, 2023.12
ISBN 978-7-5697-2068-6

Ⅰ.①动… Ⅱ.①袁… Ⅲ.①动物学－生理学－实验
－高等学校－教材 Ⅳ.①Q4-33

中国国家版本馆CIP数据核字(2023)第218957号

动物生理学实验教程

袁伦强　蒲德永　匡　鹏
罗毅平　闫玉莲　刘小红　主编

责任编辑:李　君
责任校对:张　琳
特约校对:郑祖艺
装帧设计:闰江文化
排　　版:王　兴
出版发行:西南大学出版社(原西南师范大学出版社)
　　　　　网址:http://www.xdcbs.com
　　　　　地址:重庆市北碚区天生路2号
　　　　　邮编:400715
　　　　　电话:023-68868624
经　　销:全国新华书店
印　　刷:重庆亘鑫印务有限公司
幅面尺寸:195 mm×255 mm
印　　张:7
插　　页:2
字　　数:166千字
版　　次:2023年12月　第1版
印　　次:2023年12月　第1次印刷
书　　号:ISBN 978-7-5697-2068-6
定　　价:30.00元

内容简介

　　本书以哺乳类、鸟类、两栖类、鱼类等动物为实验动物,以实验基本操作技术(包括动物的拿取、固定,麻醉方法,给药方法,插管,手术等)为基础,以计算机生物信号采集分析技术(刺激,换能,信号引导、放大、显示,记录结果及分析处理等)为主要手段,秉承实验教学既要传授知识、验证理论,又要培养学生分析问题、解决问题等综合素质的理念,精选了一些动物生理学经典实验、综合性实验以及设计性实验。实验内容涵盖动物生理学实验基本操作技术、细胞生理、血液生理、循环生理、呼吸生理、消化生理、能量代谢生理、泌尿生理、神经生理、感觉器官生理、内分泌与生殖生理等。

　　本书可作为高等院校生物科学、生物技术专业以及动物生产类、动物医学类等专业本、专科学生的动物生理学实验教材。

目 录
CONTENTS

绪言 ·· 001

实验 1　基本技能训练和常用仪器的使用 ··· 005

实验 2　坐骨神经—腓肠肌标本的制备 ··· 012

实验 3　骨骼肌的单收缩、收缩的总和与强直收缩 ····························· 015

实验 4　神经干复合动作电位及神经冲动传导速度和兴奋不应期的测定 ··· 018

实验 5　时值与强度—时间曲线的测定 ··· 023

实验 6　血细胞计数 ·· 027

实验 7　血红蛋白含量的测定 ·· 031

实验 8　ABO 血型鉴定 ·· 033

实验 9　红细胞的溶解——溶血作用 ··· 036

实验 10　蛙类心室的期外收缩与代偿间歇 ··· 040

实验 11　蛙类离体心脏灌流 ·· 042

实验 12　蛙类心脏的神经支配 ··· 047

实验 13　家兔动脉血压的调节 ··· 050

实验 14　蛙类毛细血管血液循环的观察 ··· 054

实验 15　人体动脉血压的测定及其影响因素 ······································· 056

实验 16　人体心电图的描记 ·· 059

实验 17　几种实验动物的心电图描记 ··· 061

实验 18　人体呼吸运动和通气量的测量 ··· 064

实验 19　家兔呼吸运动的记录及其影响因素的观察 ···························· 068

实验20 离体肠段平滑肌的生理特性 …………………………………071

实验21 温度对鱼类耗氧量的影响 …………………………………075

实验22 家兔尿生成的影响因素及与血压的关系 …………………077

实验23 反射时的测定及反射弧的分析 ……………………………081

实验24 脊神经背根与腹根的机能观测 ……………………………083

实验25 家兔大脑皮层运动区的刺激效应 …………………………085

实验26 损伤小鼠一侧小脑的效应 …………………………………087

实验27 声波传入内耳的途径 ………………………………………089

实验28 视敏度测定 …………………………………………………091

实验29 小动物呼吸速率的测定 ……………………………………093

实验30 破坏动物一侧迷路的效应 …………………………………095

实验31 胰岛素、肾上腺素对动物血糖的影响 ……………………097

实验32 甲状腺素在蝌蚪变态发育中的作用 ………………………099

实验33 应用免疫检测法进行妊娠检验 ……………………………101

实验34 设计性实验1 ………………………………………………103

实验35 设计性实验2 ………………………………………………105

附录一 常用生理溶液的成分及配制方法 …………………………107

附录二 常用实验动物的一般生理常数参考值 ……………………108

参考文献 ……………………………………………………………109

绪言

一、动物生理学实验课的目的

（1）初步掌握动物生理学实验的基本操作技术，了解获得动物生理学知识的科学方法。

（2）验证和巩固动物生理学的基本理论。

（3）培养科学的作风和分析解决问题的能力。

二、动物生理学实验课的要求

（1）实验前：仔细阅读实验指导，复习有关理论。做到充分理解、预测该实验各个步骤应得的结果和可能发生的误差。

（2）实验中：仪器、材料、药品安放整齐。认真按序操作，注意安全，严格遵守规章制度。认真观察实验中出现的各种现象，随时记录并联系理论内容进行思考。

（3）实验后：认真整理和清洗实验药品，如有损坏或丢失应及时报告指导教师。必须在指导教师清点检查过仪器和器械后，方可离开。整理实验记录和结果，按要求撰写实验报告。各组按顺序轮流值日，整理卫生。

（4）整个实验过程中都要严格遵守实验室规则，在实验过程中不做与实验无关的事情。注意实验室安全：包括生物安全、用水用电安全、化学品安全等。做实验时须穿实验服，有些实验还需戴手套。

三、动物生理学实验课的重要性和特点

（1）实践是知识的来源。动物生理学的理论均来源于实际观察，而且必须通过设计完善的实验来检验、修正和发展。

（2）通过实践，可锻炼观察问题、分析问题、解决问题的能力。在实验过程中培养科学工作的严肃态度、严密的工作方法和实事求是的工作作风。

（3）动物生理学实验课理论性和实践性均很强，既有科学的严谨性，也具有一定的趣味性。

四、动物生理学实验课的基本原理

为了了解生命的某些规律,必须设计特定的实验,选取符合条件的动物或标本(实验对象)。通过改变作用于实验对象的某些实验条件(实验因素),观察实验对象的某些生命活动的变化(实验效应或指标),来分析总结和做出正确的判断。

(1)为了获得理想的实验结果,必须选用健康的动物。动物的种类和性别应根据实验内容加以选择,使其生理特点尽量符合实验要求。

(2)施于实验对象的实验因素,对于细胞和组织来说,相当于某种刺激,要考虑作用的强度、时间和范围。动物生理学常用的是电刺激,这是因为电刺激的参数易于控制,很少造成损伤。选用化学刺激(包括药物)时,要考虑作用时间以及是否影响后续实验因素。慎重安排作用时间长、不可逆的实验因素。

(3)要选用能说明问题,并且易于观察与记录的实验指标。动物生理学实验要观察的现象多种多样,一部分为生物电信号,易于引导记录,是动物生理学常用的指标。另一部分为非电信号(如张力、血压等),须使用传感器将其转变为电信号后记录。信号弱的要利用放大器放大后记录。

(4)实验结果的分析:实验中得到的结果数据是原始资料,分为计数和计量两大类,计量的结果应以正确的具体的单位和数值来定量分析,不能只简单地提示。以曲线记录的实验结果,除应标注说明,做好标记外,要就频率、节律、幅度和基线做出定量或定性分析。有的实验为了比较和分析的方便,可用表格和绘图等方式来表示实验结果,并可采用统计学方法进行差异显著性比较。

五、动物生理学实验的基本原则

(1)对照原则:使实验组和对照组(或加实验因素时和无实验因素时)的非处理因素处于相等状态,其作用是使实验误差得到相应的抵消或减少。形式上有空白对照、实验对照、标准对照、自身对照等等。

(2)随机原则:保证被研究的样本是由总体中任意抽取的。即抽取时要使每一个观察单位都有同等的机会被抽取,以减少实验误差和人为因素。

(3)均衡原则:必须使实验组中的非处理因素和对照组中的非处理因素均衡一致,突出实验的处理因素,减少非处理因素对结果的影响。

(4)重复原则:重复可消除偶然性造成的误差,样本越多,重复次数越多,结果越客观真实,误差越小。但在实际中有一定的困难,因此必须对选取的样本数目有一个估计,要增强实验的敏感性来减少样本量。

六、动物生理学实验课的实验分类

1.根据实验目的不同

（1）整体水平的实验。

以完整机体为实验对象,观察和分析各种生理条件下不同器官、系统之间互相联系、互相协调的规律以及机体与环境之间的相互关系等。

（2）器官、系统水平的实验。

研究人和动物体各种组织、器官和系统生理功能活动的规律及其调控机制以及它们对整体水平的生理功能有何作用和意义等。

（3）分子、细胞水平的实验。

研究人和动物体内各种物质分子的结构以及物理化学变化过程,各种细胞的超微结构和功能活动。如基因在不同空间和时间的有规律的表达;特定功能的蛋白由何种基因编码;生物分子结构与功能的关系;细胞与细胞之间以及细胞与周围环境之间的物质和信息交换;特定细胞的特殊功能的实现;等等。

2.按实验要求不同

（1）急性实验(acute experiment):包括离体实验(in vitro)和在体实验(in vivo)。

离体实验法:把要研究的某一细胞、组织或器官从活的或刚死去的动物体上分离出来,放在一个能使它的生理功能保持一定时间的人工环境中,作为实验研究的对象。

在体实验法:使动物处于麻醉状态,然后进行活体解剖,针对需要研究的组织或器官,通过研究细胞、组织或器官系统的细微结构和活动的变化,从而了解其结构与功能。

优点:实验条件和研究对象较为简单,影响实验结果的因素较少,可以较快获得最终结果。

缺点:脱离整体条件,受到麻醉或解剖,所得实验结果有一定的局限性。

（2）慢性实验(chronic experiment)。

以完整、清醒的人或动物为研究对象,在保持比较自然的外界环境条件下进行较为长时间的实验。

优点:研究对象处于正常状态,所得实验结果是机体正常活动状态下获得的,可以分析完整机体生理活动的调节机制。

缺点:应用范围受限制。

七、动物生理学实验课实验报告的写作要求

（1）注明姓名、班级、组别、日期。

（2）实验题目:实验题目应与实验报告的内容一致。

（3）目的要求：应与实验题目密切相关，文字力求简练。

（4）实验材料、方法与步骤：包括实验动物、器材及药品，主要操作步骤及方法。

（5）实验结果：实验结果是实验中最重要的部分，应该如实、正确地记述实验过程中所观察到的现象。撰写实验报告时要先将实验得到的原始资料进行适当的筛选和整理，必要时实验数据要经过统计学处理，然后用表格、图谱或文字加以表达。

（6）分析讨论：讨论是根据已知的理论对结果进行的解释和分析，判断结果是否为预期结果，出现非预期的结果要分析可能的原因，还要指出实验结果的生理意义。

（7）结论：实验结论中一般不要罗列具体的结果，可罗列本实验结果中能够归纳出的一般的、概括性的判断，即写出这一实验所能验证的概念、原则或理论的简明总结。不能充分证明的理论分析不应写入结论。

（8）如果引用了参考文献，应注明出处。

实验1 基本技能训练和常用仪器的使用

【目的要求】

（1）了解常用手术器械及其使用技巧。

（2）了解动物实验基本操作技术。

（3）了解生理信号的采集、显示与处理。

【实验材料或器械】

常用手术器械（包括手术刀及刀柄、手术剪、手术镊、金冠剪、剪毛剪、毁髓针、玻璃分针等），生物机能实验系统（包括主机、传感器、信号输入线、刺激输出线、计算机、打印机、打印纸等等）。

【方法与步骤】

◆一、常用手术器械及使用

1.手术刀

手术刀（scalpel）主要用于切开皮肤或内脏。常用手术刀由刀柄和刀片组合而成，但也有刀柄和刀片直接相连的（图1-1）。根据手术的部位与性质，可以选用大小、形状不同的手术刀。在动物手术中常用的执刀方法有4种（图1-2）：

（1）执弓式：其是一种常用的执刀方法，动作范围广而灵活，主要用于切开腹部、颈部或股部的皮肤。

（2）执笔式：此法用力轻柔而操作精巧，用于做切割短小而精确的切口，如解剖神经、血管等。

（3）握持式：用于做切割范围较广、用力较大的切口，如切开较长的皮肤等。

（4）反挑式：多使用刀口向弯曲面的手术刀片，常用于向上挑开组织，以免损伤深部组织。

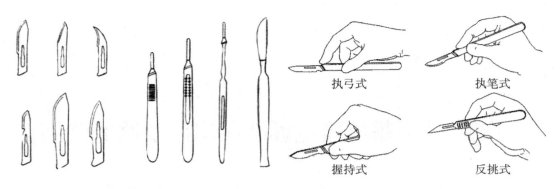

图1-1   不同类型的手术刀片及刀柄   图1-2   执手术刀的方法

2.手术剪

手术剪（surgical scissors）主要用于剪开、分离皮肤或肌肉等粗软组织。手术剪分尖头剪和钝头剪，其尖端还有直、弯之别。另外，还有一种小型手术剪，称眼科剪，主要用于剪血管或神经等柔软组织。正确的执剪方法是用拇指和无名指持剪，食指置于手术剪的上方（图1-3）。

3.手术镊

手术镊（surgical forceps）主要用于夹持或牵拉切口处的皮肤或肌肉组织。手术镊有圆头、尖头之分，也有有齿和无齿之别，而且长短不一、大小不等。小型的眼科镊用于夹持细软组织。执镊方法见图1-4。

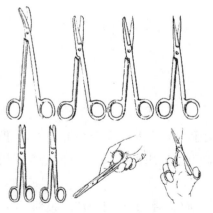

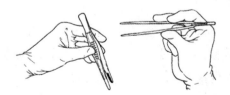

图1-3   手术剪及执剪方法   图1-4   执手术镊方法

4.金冠剪

金冠剪尖端粗短，易于着力，可用于剪开皮肤、内脏、肌肉、骨骼及绳线等。持剪方法同一般手术剪（图1-5）。

5.毁髓针

毁髓针是生理学实验中专门用来毁坏蛙类脑和脊髓的特殊器材。它分为针柄和针部等结构。

6.玻璃分针

玻璃分针是生理学实验中专用于分离神经与血管的特殊工具。尖端圆滑,直头或弯头,分离时不易损伤神经与血管。玻璃分针尖端容易碰断,使用时要小心。

7.止血钳

止血钳(hemostat)主要用于分离组织和止血,不同类型的止血钳又有不同的用途。常用止血钳有直止血钳(图1-6)、弯止血钳和蚊式止血钳三种类型。

8.咬骨钳

咬骨钳(rongeur)(图1-7)主要用于咬切骨组织,如打开颅腔或骨髓腔等。

图1-5　金冠剪

止血钳
(直全齿)

图1-6　直止血钳

图1-7　咬骨钳

9.颅骨钻

颅骨钻主要用于开颅时钻孔。

10.缝针

缝针(needle)主要用于缝合各种组织。

11.动脉夹

动脉夹主要用于短期阻断动脉血流,如动脉插管时使用。

◆二、动物实验基本操作技术

1.动物的选择

动物生理学实验常用的动物有狗、猫、兔、大白鼠、小白鼠、豚鼠、鸡、鸽、鸭、蟾蜍或蛙等。无论选用哪种动物,必须健康无病。一般说来,健康的哺乳动物毛色光泽、两眼明亮,反应灵活、食欲良好;健康的蟾蜍或蛙则皮肤湿润、喜爱活动,静止时后肢蹲坐、前肢支撑、头部和躯干挺起等。

动物种类的选择需根据实验内容而定,使其解剖和生理特点适于实验的要求。在动物生理学研究中,合理地选择实验动物,常常是实验成功的关键,但并非动物越高等越好。在选择实验动物时,应根据实验需要,因地制宜地加以考虑。

2.动物的麻醉

在急性实验或慢性实验中,手术前必须将动物麻醉。麻醉可使动物在手术或实验过程中减少疼痛,保持安静,以保证实验顺利进行。麻醉必须适度,过深或过浅均会给手术或实验带来不良影响。麻醉的深浅可从呼吸、某些反射的消失、肌肉紧张程度和瞳孔大小等特征加以判断。适度的麻醉状态是呼吸深慢而平稳,角膜反射和运动反应消失,肌肉松弛。

(1)常用麻醉剂的种类及用法:麻醉剂可分为局部麻醉剂和全身麻醉剂。局部麻醉剂如0.5%—10.0%①的盐酸普鲁卡因或2.0%的盐酸可卡因等,用作皮肤、黏膜表面麻醉或神经阻断麻醉。全身麻醉剂如挥发性的乙醚、氟烷以及非挥发性的巴比妥类、氨基甲酸乙酯等。

乙醚(ether)是一种呼吸性麻醉剂,适用于各种实验动物。在用乙醚麻醉猫、兔或鼠类时,可将动物放在特制的玻璃钟罩内,同时放入浸有乙醚的脱脂棉,动物在吸入乙醚15—20 min后,有麻醉感。乙醚具有刺激呼吸管分泌黏液的作用,为防止呼吸管堵塞,可用硫酸阿托品(0.1—0.3 mg/kg)皮下或肌内注射。乙醚麻醉具有易于掌握、比较安全和作用时间短等优点,但麻醉后动物容易苏醒,需要专人管理麻醉动物,以防过早苏醒或麻醉过量。

戊巴比妥钠(pentobarbital sodium)适用于各类实验动物。常配制成5%的水溶液,一般由静脉或腹腔注射。戊巴比妥钠发挥作用较快,一次给药的麻醉有效时间为2—4 h。如在实验中需要补充注射时,可再由静脉注射1/5剂量,维持时间可增加1—2 h。注意:使用戊巴比妥钠麻醉动物时,麻醉过量可能产生严重的呼吸和循环抑制而导致死亡。

氨基甲酸乙酯(ethyl carbonate)又称乌拉坦或尿烷。氨基甲酸乙酯易溶于水,常用浓度为20.0%—25.0%,适用于多数动物,如狗、猫、兔、鸟类、蛙类等,多静脉或腹腔注射,鸟类多肌内注射,蛙类皮下淋巴囊注射。

---

① 指质量浓度,参考GB 4789.43—2016等文件的说法以及学科表述的习惯,仍采用百分号来表示浓度,后同。

（2）麻醉剂的给药途径及方法：非挥发性麻醉剂的给药途径为注射给药法，主要有静脉、腹腔、肌内、淋巴囊注射等。

静脉注射：常用于麻醉狗、兔。狗最常用于注射和采血的静脉为前肢内侧的头静脉和小腿外侧的小隐静脉。注射前需在注射部位剪毛，用手握压静脉向心端处，使血管充血膨胀。将注射针头顺血管方向先刺入血管旁的皮下，然后再刺入血管，此时可见回血。注射者一手固定针头，另一手缓慢进行推注。兔的静脉注射常用部位为耳缘静脉。兔耳的外缘血管为静脉，中央血管为动脉。先除去注射部位的被毛，用左手食指和中指夹住耳缘静脉近心端，使其充血，并用左手拇指和无名指固定兔耳。用右手持注射器将针头顺血管方向刺入静脉，刺入后再将左手食指和中指移至针头处，协同拇指将针头固定于静脉内，便可缓缓注射。

腹腔注射：常用于麻醉猫和鼠类，狗、兔、鸡、鸽、蟾蜍或蛙类也可采用。在进行猫的腹腔注射时，要紧紧抓住颈后皮肤皱褶，迅速将注射针头刺入腹腔，注射完毕后立即退出针头。对小白鼠可采用手持法进行注射，即用左手小指和无名指将鼠尾夹住，迅速用其他三指抓住鼠耳及颈部皮肤，使其腹部朝上，右手将注射针头刺入下腹部腹白线稍外侧处，注射针与皮肤面约呈45°夹角，若针尖通过腹肌后抵抗消失，应保持针头不动，缓缓注入麻醉剂。

肌内注射：常用于麻醉鸟类，注射部位多为胸肌或腓肠肌等肌肉较发达的部位。狗、猫、兔多选用两侧臀部或股部进行肌内注射。固定动物后，右手持注射器，使之与肌肉呈60°夹角，一次刺入肌肉。注射完毕后用手轻轻按摩注射部位，帮助药液吸收。

淋巴囊注射：常用于麻醉蟾蜍或蛙。采用胸部淋巴囊注射为宜，方法是将针头刺入口腔黏膜，通过下颌肌层进入皮下淋巴囊再行注射。一只动物一次可注射0.10—0.25 mL麻醉剂。

3.动物的固定

在施行动物手术过程中，必须将麻醉动物稳妥地加以固定，以限制动物的活动，保证手术顺利进行。动物生理学实验最常用的动物固定方法有两种：背位（仰卧位）固定法和腹位（俯卧位）固定法。

（1）背位固定法：所谓背位固定法是将动物的背部直接接触手术台，使动物处于仰卧位的固定方法，因此又称仰卧位固定法。在呼吸、循环、消化及泌尿等实验中均采用此法。

（2）腹位固定法：所谓腹位固定法是将动物的腹部直接接触手术台，使动物处于俯卧位的固定方法，因此又称俯卧位固定法。这种固定法主要适用于脑、脊髓的外科手术。

（3）蟾蜍与蛙固定法：蟾蜍和蛙的固定法也分背位和腹位两种。规范的固定方法是使用蛙腿夹和蛙板。将蛙腿夹套在蛙四肢的腕关节和踝关节处，拉紧四肢插入蛙板上的小孔内固定即可。如无这些器材，可用大头针将四肢直接钉在木板上。蛙类头部活动强度不大，一般不做特殊固定。经双毁髓处理的蛙类周身瘫软，无需固定。

4.动物手术的基本操作技术

（1）手术切口与止血：在哺乳动物体上进行皮肤切口之前，须将切口部位及其周围的毛剪去。剪毛应使用剪毛剪，持剪方法同一般手术剪。做切口前，应注意切口的大小和解剖结构。切口的大小，既要便于手术操作，但又不可过大。做切口时，先用左手拇指和食指、中指将预定切口上端两侧的皮肤固定，右手持手术刀，以适当的力量，一次全线切开皮肤和皮下组织，直至肌层。手术过程中要随时注意止血，以免造成手术野血肉模糊，延误手术时间。

（2）采血技术：由于实验动物不同，实验需要和采血量有别，所选用的采血方法也不相同。兔和豚鼠的常用采血技术有心脏采血法和中央动脉采血法；小白鼠和大白鼠的常用采血技术有颈静脉或颈动脉采血法、尾静脉采血法和眼眶后静脉丛采血法；狗和猫的常用采血技术有前肢、后肢皮下静脉采血法以及颈静脉、颈动脉、股动脉采血法，如实验需要抽取大量血液，可用心脏采血法；鸡、鸭和鸽的常用采血技术有翼根静脉采血法和翼下静脉采血法。

5.动物的处死方法

采用恰当的方法处死实验动物是保护动物免受痛苦的手段之一。因此，需认真对待，养成良好的习惯。动物的处死方法随动物的不同而不同，常用的处死方法有脊椎脱臼法、空气栓塞法和放血致死法。

◆三、生理信号的采集、显示与处理

1.常用生理信号采集系统的组成

生理信号采集系统是动物生理学实验最常用的仪器，目前国内已有多家公司生产生理信号采集系统。图1-8是成都泰盟软件有限公司生产的BL-420F生物机能实验系统。

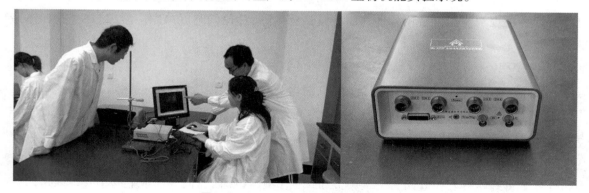

图1-8　BL-420F生物机能实验系统

生理信号采集系统一般由四大部分组成，即刺激系统、探测系统、信号调节系统和显示记录系统（图1-9）。

图1-9 生理信号采集系统的组成

为使机体或离体组织细胞兴奋,需要给予刺激。多种刺激因素,如光、声、电、温度、机械及化学因素等,能使可兴奋组织产生生理反应。但生理学实验中应用最广泛的是电刺激,因此,最常用的刺激装置为电子刺激器。当生理现象是电信号时,探测系统通常是引导电极。当生理现象是其他某种能量形式时,如机械收缩、压力和声音等,探测系统又可以是传感器。由于生物电信号或由非生物电生理反应通过传感器转化成的电信号通常较为微弱,信号调节系统则起到放大作用。

2.常用生理信号采集系统的使用

目前,在生理学实验中已广泛使用计算机采集系统进行多种生理信号的采集、显示与处理工作。在学习计算机采集系统的使用方法时,需学习和掌握如下内容:

(1)熟练掌握各种传感器、引导电极的连接;

(2)熟练掌握开机与关机、实验工作界面进入与退出的操作方法;

(3)掌握通道的输入方法以及不同通道生理信号的设置;

(4)掌握选择扫描速度(或采样频率)的方法,认清横坐标所表示的时间基数;

(5)掌握通道基线调零、下移、上移、显示与隐藏的方法;

(6)掌握控制扫描开关(开、暂停与停止实验)的方法,学会保存实验记录、测量实验参数、反演记录及剪辑、复制实验结果的方法;

(7)学习刺激器参数设置、各项刺激参数的调节方法与刺激标记的使用方法;

(8)学习输入信号的增益(放大或缩小)的调节方法;

(9)根据需要,学习显示通道的背景色、格子色、格子种类与信号色的选择方法;

(10)学习使用通用标记与时间标记的方法;

(11)学习从实验设置中选择实验项目的方法;

(12)学习编辑特殊实验标记的方法。

实验2 ｜ 坐骨神经—腓肠肌标本的制备

【目的要求】

(1)学习蛙类动物单毁髓与双毁髓的方法。

(2)学习并掌握蛙类坐骨神经—腓肠肌标本的制备方法。

【实验材料或器械】

蛙或蟾蜍、常用手术器械(手术剪、手术镊、手术刀、金冠剪、毁髓针和玻璃分针)、蛙板、锌铜弓、培养皿、污物缸、滴管、包蛙布、棉线、任氏液等。

【方法与步骤】

1.蛙或蟾蜍的单毁髓与双毁髓

一手握住蛙或蟾蜍(可用包蛙布包裹蟾蜍躯干部),背部向上。用拇指压住蛙或蟾蜍的背部,食指按压其头部前端,使头端向下低垂;另一手持毁髓针,由两眼之间沿中线向后触划,当触及两耳中间的凹陷处时,持针手即感觉针尖下陷,此处即枕骨大孔的位置。将毁髓针由凹陷处垂直刺入,即可进入枕骨大孔。然后将针尖向前刺入颅腔,在颅腔内搅动,以捣毁脑组织。如毁髓针确在颅腔内,实验者可感到针尖触及颅骨。此时的动物为单毁髓动物。再将毁髓针退至枕骨大孔,针尖转向后方,与脊柱平行刺入椎管,以捣毁脊髓。彻底捣毁脊髓时,可看到动物的后肢突然蹬直,而后瘫软。此时的动物为双毁髓动物。如动物仍表现四肢肌肉紧张或活动自如,必须重新毁髓。如果是用蟾蜍作为实验动物,操作过程中应注意使蟾蜍头部向外侧(不要挤压耳后腺),防止耳后腺分泌物射入实验者眼内(如被射入,则须立即用生理盐水或清水冲洗眼睛)。

2.坐骨神经—腓肠肌标本制备

(1)剥制后肢标本。

将双毁髓的动物腹面向上放在蛙板上。一手持手术镊轻轻提起耻骨联合上方的皮肤,另一手用手术剪横向剪开皮肤,再剪开体壁肌肉。然后用手术镊轻轻提起内脏,自耻骨部剪断(勿损伤脊神经)。一手轻轻托起蟾蜍后肢,使头部及内脏向下,看清支配后肢的脊神经发出部位,于其前方用金冠剪横向剪断脊柱。然后再沿脊柱两侧到横向切口剪断体壁,一手用蘸有任氏液的拇指和食指捏住断开的脊柱后端,另一手向后撕剥皮肤并除去断开脊柱以上部位肢体及内脏。如果下肢撕皮困难,可在撕皮至股部时,用手钩住双股中间后再行撕剥(图2-1)。将剥干净的后肢放入任氏液中备用。清洗手及用过的手术器械和蛙板等。

(2)分离两后肢。

将去皮的后肢腹面向上置于蛙板上,脊柱端在左侧,用左手拇指和食指固定标本的股部两侧肌肉,右手持手术刀,于耻骨联合处向下按压刀刃,切开耻骨联合。然后用手托起标本,用金冠剪剪开两后肢相连的肌肉组织,并纵向剪开脊柱(尾杆骨留在一侧),使两后肢完全分离。将分开的后肢,一肢继续剥制标本,另一肢放入任氏液中备用。

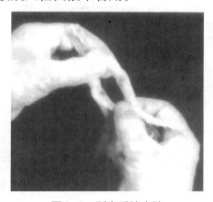

图2-1　剥去后肢皮肤

(3)分离坐骨神经。

将一侧后肢的脊柱端腹面向上,趾端向外侧翻转,使其足底向上。用玻璃分针沿脊神经向后分离坐骨神经(图2-2)。股部沿腓肠肌正前方的股二头肌和半膜肌之间的肌缝,找出坐骨神经。坐骨神经基部(即与脊神经相接的部位),背部有一梨状肌盖住神经,用玻璃分针轻轻挑起肌肉,便可看清下面穿行的坐骨神经。剪断或用玻璃分针扯断梨状肌,完全暴露与坐骨神经相连的脊神经。再用玻璃分针轻轻挑起神经,自前向后剪去支配腓肠肌之外的神经分支,将坐骨神经分离至腘窝处。在脊柱端保留神经发出部位的一小块脊柱骨,用金冠剪剪去其余部分脊柱骨及肌肉。再用手术镊轻轻提起连有神经的脊椎骨片,将神经移开股骨。

(4)游离腓肠肌。

一手捏住趾端,另一手用手术镊在腓肠肌跟腱下面穿线,并用结线扎紧。提起结线并在结扎处下方剪断腓肠肌跟腱,游离腓肠肌。

(5)分离股骨头。

一手捏住股骨,沿膝关节剪去股骨周围的肌肉,再用金冠剪自膝关节向前刮干净股骨上的肌肉,保留1 cm股骨头并剪断股骨。提起腓肠肌上的扎线,剪去膝关节下部的后肢,仅保留腓肠肌与股骨的连接。

制备完整的坐骨神经—腓肠肌标本应包括:连有坐骨神经的脊柱骨、坐骨神经、腓肠肌、股骨头四部分(图2-3)。

(6)检验标本。

用手术镊轻轻提起标本的脊柱骨片,使神经离开蛙板。再用经任氏液蘸湿的锌铜弓,将其两极接触神经,如腓肠肌发生迅速收缩,则表示标本机能正常。提起腓肠肌上的结扎线,不使神经受到牵拉,轻轻将标本放入任氏液中保存。稳定15—20 min后即可进行实验。此标本可以用于神经干兴奋的传导、神经—肌肉接点的传递以及骨骼肌的收缩等实验研究。

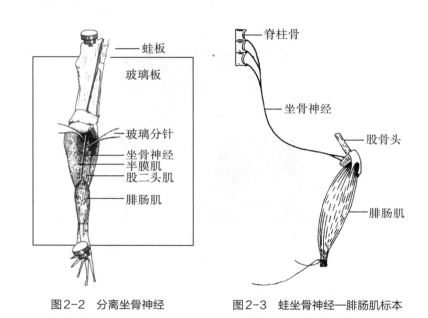

图2-2　分离坐骨神经　　　　图2-3　蛙坐骨神经—腓肠肌标本

【注意事项】

制备标本的过程中,各项观察需经常用任氏液湿润标本。

思考题

(1)剥去皮肤的后肢能用自来水冲洗吗？为什么？

(2)金属器械碰压或损伤神经与腓肠肌,可能引起哪些不良后果？

(3)如何保持标本的机能正常？

实验3 ┃ 骨骼肌的单收缩、收缩的总和与强直收缩

【目的要求】

(1)了解骨骼肌的单收缩现象。

(2)了解骨骼肌收缩的总和现象。

(3)观察不同频率的阈上刺激引起的肌肉收缩形式改变。

【基本原理】

两个同等强度的阈上刺激,相继作用于神经—肌肉标本,如果刺激间隔大于单收缩的时程,肌肉则出现两个分离的单收缩;如果刺激间隔小于单收缩的时程而大于不应期,则出现两个收缩反应的重叠,称为收缩的总和。当同等强度的连续阈上刺激作用于标本时,则出现多个收缩反应的叠加,此为强直收缩。当后一收缩发生在前一收缩的舒张期时,称为不完全强直收缩;后一收缩发生在前一收缩的收缩期时,各自的收缩则完全融合,肌肉出现持续的收缩状态,此为完全强直收缩。

【实验材料或器械】

蟾蜍或蛙的坐骨神经—腓肠肌标本、常用手术器械、计算机实验系统、张力换能器、支架、双凹夹、肌槽、培养皿、滴管、任氏液、棉线等。

【方法与步骤】

1.实验仪器用品的准备

开启计算机实验系统,将张力换能器和刺激电极分别与生物机能实验系统的信号输入端口和刺激输出端口相连。将标本的股骨头固定在肌槽的固定孔内,腓肠肌肌腱上的扎线与张力换能器相连,调节好扎线的张力,不要过松或过紧,以使肌肉自然拉平为宜。将神经搭在肌槽的电极上,接通电极与刺激输出的线路。

2.实验观察

（1）收缩的总和。

启动波形显示图标，调节扫描速度为5—10 mm/s，调节单收缩幅度为1.5 cm左右。调节刺激设置为双刺激方式，并使两个阈上刺激强度相等。先调节刺激间隔大于单收缩的时程，然后逐渐缩短刺激间隔，分别观察并记录肌肉收缩形式的变化（图3-1）。

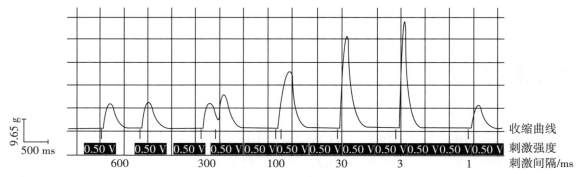

图3-1 蛙类骨骼肌收缩的总和

（2）强直收缩。

减慢扫描速度（5 mm/s）并衰减振幅增益，使单收缩的幅度减少至3—5 mm。调节刺激设置为串刺激方式，分别以1.5次/s、6次/s、10次/s、30次/s和45次/s的频率刺激标本，观察并记录肌肉收缩曲线的变化（图3-2）。注意用任氏液湿润标本，两次刺激之间稍有间歇，使肌肉休息片刻。

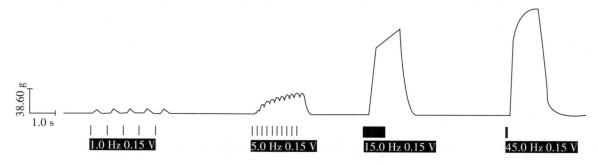

最大值：177.58 g；最小值：1.54 g；平均值：21.91 g

图3-2 蛙类坐骨神经—腓肠肌强直收缩曲线

【注意事项】

（1）采样速率适中，以便记录到完整而清晰的肌收缩曲线。

（2）在肌肉连续收缩后，应休息一定时间再做下一次刺激。

思考题

?

(1)分析讨论肌肉发生收缩总和的条件与机制。

(2)分析讨论不完全强直收缩和完全强直收缩的条件与机制。

(3)何为临界融合刺激频率?

(4)本实验表明骨骼肌有哪些生理特性? 试说明其生理意义。

实验4 神经干复合动作电位及神经冲动传导速度和兴奋不应期的测定

【目的要求】

(1)观察蟾蜍或蛙坐骨神经干复合动作电位的基本波形,并了解其产生的基本原理。

(2)学习测定蟾蜍或蛙离体神经干神经冲动传导速度的方法和原理。

(3)学习测定神经干兴奋不应期的基本原理和方法。

【基本原理】

神经干在受到有效刺激后可以产生复合动作电位(compound action potential),标志着神经发生了兴奋。如果在离体神经干的一端施加刺激,从另一端引导传来的兴奋,可以记录到双相动作电位(biphasic action potential)。如果在引导的两个电极之间将神经干麻醉或损坏,阻断兴奋的传导,这时候记录到的动作电位就是单相动作电位(monophasic action potential)。单个神经细胞的动作电位是以"全或无"方式发生的,而神经干复合动作电位的幅值在一定刺激强度下是随刺激强度的增加而增大的。

如果在远离刺激点的不同距离处分别引导离体神经干动作电位,两引导点之间的距离为m,在两引导点分别引导出的动作电位的时间差为s,则可按照公式$v=m/s$来计算出兴奋的传导速度(conduction velocity, CV)。蛙类坐骨神经干的传导速度在正常室温下为35—40 m/s。

神经每兴奋一次及其在兴奋以后的恢复过程中,其兴奋性都要经历一次周期性的变化,其全过程依次包括绝对不应期(absolute refractory period, ARP)、相对不应期(relative refractory period, RRP)、超常期和低常期4个时期。为了测定坐骨神经在发生一次兴奋以后兴奋性所发生的周期性变化,首先要给神经施加一个条件性刺激(conditioning stimulus, S1)引起神经兴奋,然后在前一兴奋及其恢复过程的不同时相再施加一个测试性刺激(test stimulus, S2),用于检查神经的兴奋阈值以及所引起的动作电位的幅值,以判定神经兴奋性的变化。当刺激间隔时间长于25 ms时,S1和S2分别引起的动作电位的幅值大小基本相同。当S2距离S1接近20 ms左右时,发现S2所引起的第二个动作电位幅值开始减小。再逐渐使S2向S1靠近,第二个动作电位的幅值则继续减小,最后可因S2落在第一个动作电位的绝对不应期内而完全消失。

【实验材料或器械】

蟾蜍或蛙,常用手术器械(包括手术刀及刀柄、手术剪、手术镊、金冠剪、剪毛剪、毁髓针、玻璃分针等)、生物机能实验系统(包括主机、信号输入线、刺激输出线、计算机、打印机等)、神经屏蔽盒、任氏液、棉线、培养皿、滴管等。

【方法与步骤】

1.制备出具有生理活性的坐骨神经干标本

(1)剥制后肢标本。

将双毁髓的蟾蜍或蛙腹面向上放在蛙板上。一手持手术镊轻轻提起耻骨联合上方的皮肤,另一手用手术剪横向剪开皮肤,再剪开体壁肌肉。然后用手术镊轻轻提起内脏,自耻骨部剪断(勿损伤脊神经)。一手轻轻托起蟾蜍或蛙后肢,使头部及内脏向下,看清支配后肢的脊神经发出部位,于其前方用金冠剪横向剪断脊柱。然后再沿脊柱两侧到横向切口剪断体壁,一手用蘸有任氏液的拇指和食指捏住断开的脊柱后端,另一手向后撕剥皮肤并除去断开脊柱以上部位肢体及内脏。如果下肢撕皮困难,可在撕皮至股部时,用手钩住双股中间后再行撕剥。将剥干净的后肢放入任氏液中备用。清洗手及用过的手术器械和蛙板等。

(2)分离两后肢。

将去皮的后肢腹面向上置于蛙板上,脊柱端在左侧,用左手拇指和食指固定标本的股部两侧肌肉,右手持手术刀,于耻骨联合处向下按压刀刃,切开耻骨联合。然后用手托起标本,用金冠剪剪开两后肢相连的肌肉组织,并纵向剪开脊柱(尾杆骨留在一侧),使两后肢完全分离。将分开的后肢,一肢继续剥制标本,另一肢放入任氏液中备用。

(3)分离坐骨神经。

将一侧后肢的脊柱端腹面向上,趾端向外侧翻转,使其足底向上。用玻璃分针沿脊神经向后分离坐骨神经(图2-2)。股部沿腓肠肌正前方的股二头肌和半膜肌之间的肌缝,找出坐骨神经。坐骨神经基部(即与脊神经相接的部位),背部有一梨状肌盖住神经,用玻璃分针轻轻挑起肌肉,便可看清下面穿行的坐骨神经。剪断或用玻璃分针扯断梨状肌,完全暴露与坐骨神经相连的脊神经。再用玻璃分针轻轻挑起神经,自前向后剪去支配腓肠肌之外的神经分支,将坐骨神经分离至腘窝处,然后沿腓肠肌后的两条分支继续往下分离至踝关节处,拴上棉线后在结扎处下方剪断神经。在脊柱端保留神经发出部位的一小块脊柱骨,用金冠剪剪去其余部分脊柱骨及肌肉。再用手术镊轻轻提起连有神经的脊椎骨片,将神经移离股骨和腓肠肌。将制成的坐骨神经标本放入有任氏液的培养皿中待用。

注意:在制备标本过程中需经常用任氏液湿润标本。

2.仪器、用品的准备

BL-420F生物机能实验系统、神经屏蔽盒、电信号引导传输线、刺激输出线。

将坐骨神经标本正确放入神经屏蔽盒内,中枢端位于刺激电极一侧,外周端位于两对引导电极一侧。将生物电信号传输线、接地线以及刺激输出线分别与神经屏蔽盒的两对引导电极、接地柱和刺激电极相连。第1、2对引导电极通过信号传输线分别与生物机能实验系统的1和2通道相接,而刺激输出线则与生物机能实验系统的刺激输出端口相接(图4-1)。开启计算机实验系统。

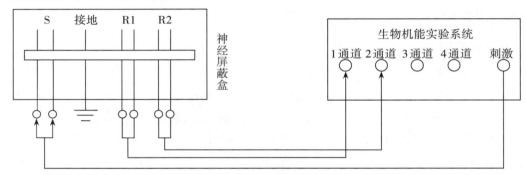

图4-1 神经屏蔽盒与生物机能实验系统的连接示意图

3.实验观察、结果记录、测量、标记及打印

(1)进入神经干复合动作电位实验项目界面。刺激参数的波宽设为0.1 ms,刺激强度由0.5 V开始逐渐升高,单击"刺激"按钮开始观察。随着刺激强度的升高,双相动作电位的幅值从无到有并逐渐升高,直至达到最大。这时,再增加刺激强度,动作电位幅值也不再增大(图4-2)。保存记录的图形。用软件所提供的测量方法测量出复合动作电位的幅度、持续时间。

注意:在双相动作电位的上相的前方有一小的干扰波形,被称为伪迹,它是刺激电流经神经干表面的电解质溶液传过来,通过引导电极传到仪器内显示出来的,如果接地良好,伪迹就会很小,对双相动作电位的干扰就越小。

用镊子夹伤一对引导电极之间的神经,再用上述方法进行观察记录,会发现动作电位由双相变为单相(图4-3)。保存记录的图形。

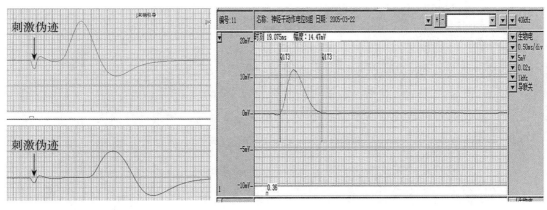

图4-2　双相动作电位　　　　　　　　　　图4-3　单相动作电位

（2）在神经屏蔽盒内换上一根新鲜的坐骨神经标本，并测量出两对引导电极之间的距离。进入神经冲动传导速度测定实验项目界面。在弹出的电极距离窗口中输入测出的电极距离，刺激参数的波宽设定同上，但刺激强度则取刚好引起最大动作电位幅值的强度。观察记录两个双相动作电位，这时计算机会根据这两个双相动作电位先后出现的时间差（s）和两对引导电极之间的距离（m），自动计算出传导速度（v，单位 m/s）。保存记录的图形。

（3）进入神经兴奋不应期测定实验项目界面。刺激参数的波宽设定同上，但刺激强度则取刚好引起最大动作电位幅值的强度。调节 S1 和 S2 两次刺激的间隔起始时间和递减值，开始观察 S2 距 S1 不同时间动作电位的幅值大小。当 S2 引起的第二个动作电位刚好消失时，S2 与 S1 的间隔时间即为测得的兴奋绝对不应期。保存记录的图形。

（4）对以上记录的图形进行标记和打印。

【注意事项】

（1）整个实验过程中要注意保持标本的活性良好，经常用任氏液湿润。

（2）如果发现双相动作电位图形倒置，把两个引导电极位置对换即可。

（3）如果神经干足够长，则尽量把两对引导电极的距离拉远一些。距离越远，测定的传导速度就越准确。

（4）将神经干搭在引导电极上时，尽量把神经干拉直，切勿下垂或斜向置放，以免影响神经干长度测量的准确性，最终影响传导速度的计算。

（5）尽量减小动作电位的刺激伪迹，以便于确定动作电位离开基线的起始点。

思考题

(1)神经干复合动作电位的图形为什么不是"全或无"的?

(2)本实验中测量出来的神经干复合动作电位幅值和图形为什么与细胞内记录的不一样?

(3)神经干复合动作电位的上、下相图形的幅值和波形宽度为什么不对称?

(4)神经干复合动作电位为什么是双相的? 在两对引导电极之间损伤神经后,为什么动作电位会变为单相?

(5)如果把神经干标本的末梢端置于刺激电极一侧,从中枢端引导动作电位,图形将发生什么样的变化,为什么?

(6)如果改变两对引导电极之间的距离,观察双相动作电位的图形会发生什么样的变化? 试解释发生的原因。

(7)如果引导电极距离刺激电极更远一些,动作电位的幅值会变小,这是兴奋传导的衰减吗? 试解释原因。

(8)本实验测定出来的神经传导速度是神经干中哪类纤维的兴奋传导速度? 为什么?

(9)为什么两对引导电极相距越远,测定出的神经兴奋传导速度就越准确?

(10)刺激落到相对不应期内时,动作电位的幅值为什么会减小?

(11)为什么在绝对不应期内,神经对任何强度的刺激都不再产生反应?

(12)绝对不应期的长短有什么生理学意义?

实验5 | 时值与强度—时间曲线的测定

【目的要求】

(1)了解基强度、时值、利用时以及最短刺激作用时间阈值的含义及测定方法。

(2)掌握测定强度—时间曲线的方法和原理。

(3)掌握利用测得的数据在坐标图上描绘出强度—时间曲线的方法。

【基本原理】

可兴奋组织受到刺激以后发生兴奋反应,不仅需要一定的刺激强度,而且也需要一定的刺激作用时间。刺激强度与刺激作用时间之间的相互关系可以用强度—时间曲线来表示。当刺激作用时间足够长时的刺激强度阈值,称为基强度。在基强度下引起组织兴奋的最短刺激作用时间,称为利用时。在2倍基强度下引起组织兴奋所需的最短刺激作用时间,称为时值。当刺激强度足够大时(一般在5倍基强度及以上)引起组织兴奋的最短刺激作用时间,称为最短刺激作用时间阈值。如果在刺激神经组织时,不断改变刺激强度,分别测出在每一刺激强度下引起组织兴奋的最短刺激作用时间(即最小波宽),然后将测得的一系列数据在坐标图上描绘出来,即可得到反映该组织兴奋的阈刺激强度与最短刺激作用时间之间相互关系的曲线,即强度—时间曲线(图5-1)。

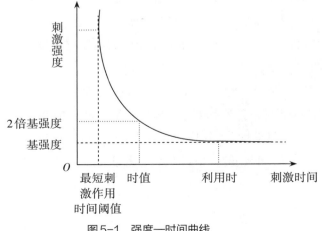

图5-1 强度—时间曲线

【实验材料或器械】

蟾蜍或蛙、常用手术器械、蛙板、生物机能实验系统（包括主机、信号输入线、刺激输出线、计算机、打印机等）、神经屏蔽盒、培养皿、滴管、棉线、任氏液、2%普鲁卡因溶液。

【方法与步骤】

1.制备出具有生理活性的坐骨神经干标本

具体方法见实验4。

2.仪器、用品的准备与连接

将生物机能实验系统、神经屏蔽盒、生物电信号引导传输线、刺激输出线进行准确连接。只需通过生物电信号输入线连接一组屏蔽盒内的引导电极至生物机能实验系统的第1信号输入通道即可；信号输入线黄色的负极接在右侧靠近刺激端的接线柱上，红色的正极接在左侧远离刺激端的接线柱上，黑色线接在地线接线柱上。

3.坐骨神经干标本的安放

将坐骨神经干标本放入屏蔽盒内，中枢端搭在右侧的刺激电极上，外周端搭在左侧的引导电极上。检查神经干与屏蔽盒内各电极是否接触良好。

4.实验操作及观察

（1）基强度的测定。

在"实验项目"→"肌肉神经实验"→"神经干动作电位的引导"中打开实验记录窗口，然后点击右下角的刺激参数调节区图标打开参数调节框。在基本信息中调节刺激方式为"单刺激"，波宽"50 ms"，强度1"0.01 V"。程控信息中类型为"自动幅度"，程控方向为"增大"，增量为"0.005 V"，是否程控为"是"，开始观察记录，一旦观察记录到小幅度的动作电位波形，马上停止记录。

（2）强度—时间曲线的测定。

在"实验项目"→"肌肉神经实验"→"神经干动作电位的引导"中打开实验记录窗口，然后点击右下角的刺激参数调节区图标打开参数调节框。在基本信息中调节刺激方式为"单刺激"，波宽"0.1 ms"，强度1首先设为"基强度"。程控信息中参数不设置，不进行程控记录，点击波形编辑中右侧的小方波图标手动启动刺激进行观察记录，看是否有小的动作电位波形出现。如果没有，则进行下一步。

按0.1 ms递增量手动增加波宽至0.2 ms,再次开始观察记录,一旦观察记录到小幅度的动作电位波形,即可停止"基强度"条件下的波宽记录,测出基强度条件下的最小波宽(即最短刺激作用时间)并填入表5-1中。

如果仍然没有观察到小幅度的动作电位波形,则继续按0.1 ms递增量手动增加波宽至0.3 ms,再次手动刺激进行观察记录。直至刚能观察到动作电位波形即可停止操作并将记录到的波形进行保存。

按照同样方法,依次将强度1设为"1.2倍、1.4倍、1.6倍、1.8倍、2.0倍、2.5倍、3.0倍、5.0倍基强度",手动测定出每一刺激强度下引起动作电位的最小波宽,将结果填入表5-1中。

表5-1 强度—时间曲线测定记录表

刺激强度/V	最小波宽/ms
基强度	
基强度×1.2	
基强度×1.4	
基强度×1.6	
基强度×1.8	
基强度×2.0	
基强度×2.5	
基强度×3.0	
基强度×5.0	

以x轴代表刺激作用时间,y轴代表刺激强度,利用Excel表将以上测定出的一系列数据进行作图,得到强度—时间曲线,并标出基强度、利用时、时值和最短刺激作用时间阈值。

(3)普鲁卡因对神经干兴奋性和强度—时间曲线的影响。

用蘸有2%普鲁卡因的棉球润湿刺激电极处的神经干标本,大约2 min以后,再按照上述步骤重新测定该神经干标本的基强度、时值、利用时、最短刺激作用时间阈值并绘制强度—时间曲线(将这些数据绘于前图之中),观察第二次测得的强度—时间曲线有何变化,评价普鲁卡因对坐骨神经兴奋性和强度—时间曲线的影响。

【注意事项】

(1)刺激强度和刺激波宽(刺激作用时间)的数据要从刺激参数调节区读取。

(2)整个测试过程要尽量缩短实验时间,长时间刺激会使组织兴奋性发生变化,导致测得的强度—时间曲线不理想。

思考题

?

(1)强度—时间曲线可以说明什么问题?

(2)时值增大或减小说明什么问题?

(3)为什么把2倍基强度下的刺激作用时间定为时值?

实验6 ‖ 血细胞计数

【目的要求】

学习红细胞、白细胞和血小板的人工计数方法。

【基本原理】

血细胞计数需采用等渗溶液将血液稀释一定倍数后,置于血细胞计数板的计数室内,在显微镜下计数,然后可推算 1 mm³ 或 1 L 血液内各种血细胞数。常用计数板的结构一般为一块刻有一定面积刻度的长方形厚玻璃板(图6-1、图6-2),通常有前后两个计数室,每室划分有9个大方格。格与盖玻片的距离为 0.1 mm,每个大方格边长为 1 mm,面积为 1 mm²,体积为 0.1 mm³。四角的4个大方格被划分为16个中方格,此4个大方格用于白细胞计数。中央的大方格被划分为25个中方格,每个中方格边长为 0.2 mm,面积为 0.04 mm²,体积为 0.004 mm³,每个中方格又被划分为16个小方格。中央大方格四角的和中央的中方格及其内部的小方格用于红细胞计数。红细胞占血细胞的绝大部分,计数白细胞和血小板时需要相应稀释液破坏红细胞,以避免红细胞对计数的影响。

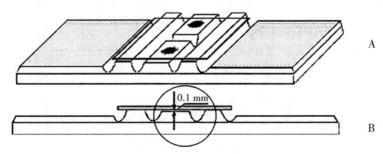

图6-1 血细胞计数板平面图(A)和纵切面图(B)

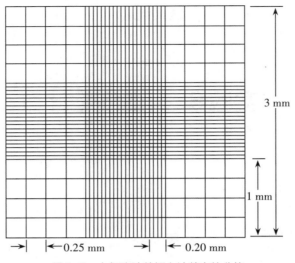

3 mm

1 mm

→| |←0.25 mm →| |← 0.20 mm

图6-2　血细胞计数板上计数室的分格

【实验材料或器械】

家兔、血细胞计数板、一次性定量采血吸管（10 μL、20 μL）、移液管（1 mL、2 mL、5 mL）或移液器及吸头（1 mL、5 mL）、滴管、小试管、显微镜、一次性刺血针、75%酒精棉球、NaCl、Na$_2$SO$_4$、HgCl$_2$、冰醋酸、1%龙胆紫（或1%亚甲蓝）、尿素、柠檬酸钠、40%甲醛溶液、蒸馏水等。

【方法与步骤】

1.稀释液准备

（1）红细胞稀释液：NaCl（维持渗透压）0.5 g，Na$_2$SO$_4$（使溶液密度增加，红细胞均匀分布，不易下沉）2.5 g，HgCl$_2$（固定红细胞并防腐）0.25 g，蒸馏水加至100 mL。

（2）白细胞稀释液：冰醋酸（破坏红细胞）2.0 mL，1%龙胆紫或1%亚甲蓝（染白细胞核呈淡蓝色，以便识别）1 mL，蒸馏水加至100 mL，过滤后备用。

（3）血小板稀释液：尿素（维持渗透压）10—13 g，柠檬酸钠（防止血小板凝集）0.5 g，40%甲醛溶液（防腐）0.1 mL，蒸馏水加至100 mL。注意：先将尿素、柠檬酸钠溶于蒸馏水中，然后再加甲醛溶液。为方便观察，可加少许亚甲蓝使溶液呈蓝色。放于冰箱中保存，用前一定要过滤。

2.采血及稀释

实验时用5 mL移液管或移液器吸取3.98 mL红细胞稀释液并放入1号小试管中备用，用1 mL移液管或移液器吸取0.38 mL白细胞稀释液并放入2号小试管中备用，再用2 mL移液管或5 mL移液器吸取1.99 mL血小板稀释液并放入3号小试管中备用。

　　用75%酒精棉球对兔耳耳尖部的耳缘静脉进行常规消毒,待耳缘静脉充血后,用刺血针刺破血管,让血液自然流出,擦去第一滴血液,用一次性毛细采血吸管分3次准确吸取20、20和10 μL血液,擦净管外沾染的血液,依次分别将采血吸管插入盛有上述稀释液的试管底部,轻轻吹出血液,并用上清液清洗毛细采血吸管2—3次,轻轻摇动试管1—2 min,使血液与稀释液充分混匀。

3.使用血细胞计数板

　　将盖玻片(最好与计数板同时配套购置)放入计数板中央,用洁净玻棒蘸取少量已稀释混匀后的血细胞悬浮液,于盖玻片边缘一次性滴入计数室内,使之灌满,静置2—3 min,待细胞下沉后进行计数。计数血小板的血细胞悬液应静置15 min。滴入计数室的细胞悬液不能过多或过少。在计数红细胞、白细胞和血小板时,可各使用一个计数室。

　　(1)计数方法。

　　用低倍镜巡视计数室被计数的血细胞分布是否均匀,分布均匀者方可计数。

　　红细胞计数:把计数室中央的大方格置于视野内,转用高倍镜,计数中央大方格四角的和正中的共5个中方格内的红细胞总数。计数时必须遵循一定方向和原则逐格进行,位于刻度线上的红细胞,如将上侧和左侧线上的红细胞计数入,则勿将下侧和右侧线上的计数入,即遵循"数上不数下,数左不数右"的原则(图6-3)。

　　白细胞计数:在低倍镜下,计数四角四个大方格中所有的白细胞总数。计数原则同红细胞计数。

　　血小板计数:计数方法同红细胞。应将显微镜的聚光镜光圈缩小,使视野略暗,以便能看清楚血小板的折光。如条件允许,可使用相差显微镜。

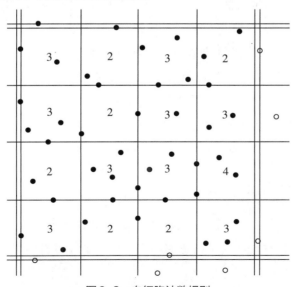

图6-3　血细胞计数规则

●应计数的红细胞;○不应计数的红细胞;方格内数字为应计细胞数目。

(2)计算。

①红细胞数。

红细胞数/mm³=5个中方格数得的红细胞总数×10⁴

红细胞数/L=红细胞数/mm³×10⁶

计算原理:

加20 μL(即0.02 mL)血液于3.98 mL红细胞稀释液中,使血液稀释200倍。

计数0.02 μL稀释后血液中的红细胞总数(一个中方格的容积为0.2×0.2×0.1=0.004 mm³;5个中方格的容积为0.004×5=0.02 mm³,换算成每mm³时应乘以50)。

红细胞数/mm³=5个中方格中数得的红细胞数×稀释倍数(200)×50

②白细胞数。

白细胞数/mm³=4个大方格数得的白细胞总数×50

白细胞数/L=白细胞数/mm³×10⁶

③血小板数。

血小板数/mm³=5个中方格数得的血小板总数×10⁴

血小板数/L=血小板数/mm³×10⁶

【注意事项】

(1)血液加入试管后,须轻轻充分摇匀。

(2)计数室内细胞分布要均匀。计数红细胞时,如果发现各中格的红细胞数目相差20个以上,或计数白细胞时,各大格的白细胞数目相差8个以上,表示血细胞分布不均匀,必须把稀释液摇匀后重新计数。

(3)混悬液滴入计数室时,滴入量要适当。混悬液过多则溢出并流入两侧深槽内,使盖玻片浮起,体积增加,导致计数不准,此时需用滤纸片吸出多余的溶液,以槽内无溶液为宜。滴入过少,反复充液可能造成计数室内有气泡,影响计数室体积,此时应洗净计数室,待干燥后重新滴液。

(4)所用吸管、试管、计数板等必须十分干净,各种稀释液严防混入杂质或有细菌生长。

思考题

?

(1)在操作过程中,哪些因素可能会影响血细胞数目的准确性?

(2)参考红细胞计数公式的计数原理,说明本实验中白细胞和血小板计算公式的计算原理。

实验7 血红蛋白含量的测定

【目的要求】

掌握比色法测定血红蛋白含量的方法。

【基本原理】

测定血红蛋白含量的方法很多,实验常用比色法,所用工具为血红蛋白计(图7-1)。其原理是在一定量的血液中,血红蛋白经少量盐酸的作用,使亚铁血红素变成高铁血红素,呈现较稳定的棕色。用水稀释后与标准色比较,读出每100 mL血液中所含的血红蛋白质量。正常成年男子每100 mL血液平均含14.5 g,女子为13.5 g。

图7-1 血红蛋白计

【实验材料或器械】

血红蛋白计、血红蛋白吸管、0.1 mol/L HCl、一次性采血针、滤纸片、酒精棉球、乙醚、95%(体积分数,同类后同)酒精、蒸馏水等。

【方法与步骤】

(1)血红蛋白计包括：①标准比色架,架的两侧镶有两根棕色标准玻璃色柱。②血红蛋白稀释管,有方形也有圆形的。两侧有刻度,一侧以 g 为计数单位,对侧以百分率计,按我国情况,是以每 100 mL 血液内含血红蛋白 14.5 g 为 100%。③20 mm³(20 μL)血红蛋白吸管,还有玻璃棒、滴管。

(2)用滴管加 0.1 mol/L HCl 于血红蛋白稀释管内,到百分刻度 20 处。

(3)用采血针刺破指尖采血,血滴宜大些。用血红蛋白吸管的尖端接触血滴,吸血至刻度 20 mm³ 处(0.02 mL 或 20 μL)。

(4)用滤纸片或棉球擦净吸管口周围的血液,将吸管插入血红蛋白稀释管的盐酸内,轻轻吹出血液至管底部,反复吸入并吹出稀释管内上层的盐酸,洗涤吸管多次,使吸管内的血液完全洗入稀释管内。摇匀或用小玻璃棒搅匀后,放置 10 min,使盐酸与血红蛋白充分作用。

(5)把稀释管插入标准比色架两色柱中央的空格中,使无刻度的两侧面位于空格的前后方,便于透光和比色。

(6)用滴管向稀释管内逐滴加入蒸馏水(每加一滴要搅拌),边滴边观察颜色,直至颜色与标准玻璃色柱相同为止。稀释管液面的刻度读数即为每 100 mL 血液血红蛋白的克数。

(7)将计量单位由 g/100 mL 换算成 g/L。

【注意事项】

(1)吹血液入稀释管及洗净吸管时,不宜用力过猛。

(2)蒸馏水需逐滴加入,多做几次比色,以免稀释过量。每次比色时,应将搅拌用的玻璃棒取出,以免影响比色。

(3)由于操作过程过长会造成吸管内血液凝固,堵塞管孔时,则要按下列溶液的顺序重复冲洗吸管,即水→95% 酒精→乙醚或丙酮。

思考题

(1)血液中血红蛋白含量的多少是否能反映机体的健康状况？为什么？

(2)测定血红蛋白的实际意义是什么？

实验8 | ABO血型鉴定

【目的要求】

(1)学习辨别ABO血型的方法。

(2)观察红细胞凝集现象,掌握ABO血型鉴定的原理。

【基本原理】

血型是指红细胞的血型,是根据红细胞膜外表面存在的特异性抗原(镶嵌于红细胞膜上的糖蛋白和糖脂)来确定的,这种抗原或凝集原是由遗传决定的。抗体或凝集素存在于血清中,它与红细胞的不同抗原起反应,产生凝集,最后溶解(表8-1)。由于这种现象,临床上在输血前必须注意鉴定血型,以确保安全输血。通常输血反应中大多数注意ABO血型系统。

表8-1 ABO血型系统的抗原与抗体及相互作用

血型	红细胞膜(抗原、凝集原)	血清(抗体、凝集素)
A	A	抗B
B	B	抗A
AB	A、B	无
O	无	抗A、抗B

【实验材料或器械】

显微镜、双凹载玻片、一次性采血针、消毒牙签、A型(抗B)和B型(抗A)标准血清、生理盐水、酒精棉球等。

【方法与步骤】

(1)取一块清洁玻片,用记号笔画上记号,左上角写A字,右上角写B字。

(2)用小滴管吸A型标准血清(抗B)一滴加入左侧,用另一小滴管吸B型标准血清(抗A)一滴加入右侧。

(3)一次性采血针穿刺手指取血,玻片的每侧各放入一小滴血,用牙签搅拌,使每侧抗血清和血液混合。每边用一支牙签,切勿混用。

(4)室温下静置10—15 min后,观察有无凝集现象,假如只是A侧发生凝集,则血型为B型;若只是B侧凝集,则为A型;若两边均凝集,则为AB型;若两边均未发生凝集,则为O型(图8-1、图8-2)。这种凝集反应的强度因人而异,所以有时需借助显微镜才能确定是否出现凝集。

抗B血清
抗A血清
无B凝集原
有A凝集原

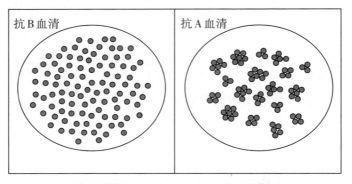

图8-1　通过凝集反应判断红细胞膜上的抗原类型

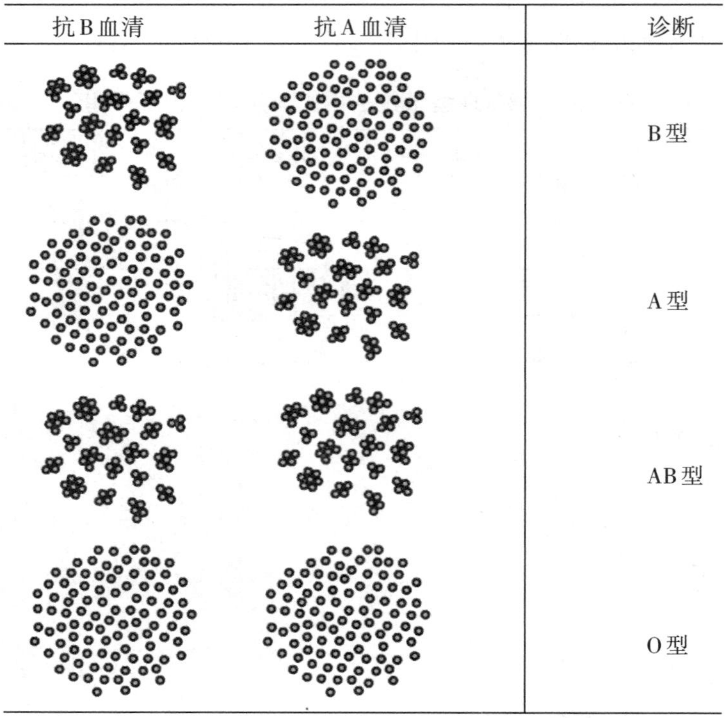

抗B血清
抗A血清
诊断
B型
A型
AB型
O型

图8-2　通过凝集反应判断ABO血型的类型

思考题

(1)根据自己的血型,说明你能接受和输血给何种血型的人,为什么?

(2)如何区别血液的凝集、凝固、沉淀(图8-3),其机理是否一样?

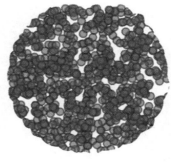
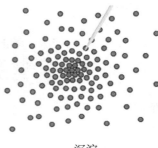

凝集　　　　　　　　　　凝固　　　　　　　　　　沉淀

图8-3　凝集、凝固和沉淀的区别

实验9 红细胞的溶解——溶血作用

【目的要求】

(1)学习引起红细胞溶解的各种实验方法。

(2)观察红细胞的溶血现象。

【基本原理】

红细胞在高渗 NaCl 溶液中,会失去水分发生皱缩;在低渗 NaCl 溶液中,会因过多水分进入红细胞而膨胀,甚至破裂,使血红蛋白释出,称为红细胞溶解(图9-1)。红细胞对低渗溶液具有不同的抵抗力,即红细胞具有不同的脆性:对低渗溶液抵抗力小,表示红细胞的脆性大;对低渗溶液抵抗力大,则表示红细胞的脆性小。各种有机溶剂、酸、碱等都会使红细胞的膜发生溶解,称为红细胞的化学性溶血。此外还有免疫性溶血、细菌性溶血、机械性溶血等。

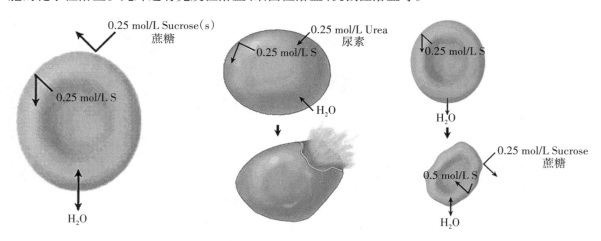

图9-1 红细胞在不同渗透溶液中的形态变化

◆一、渗透性溶血——哺乳类红细胞渗透脆性的测定

【实验材料或器械】

兔、3%红细胞混悬液、离心机、2 mL注射器、5 mL试管12支、5 mL移液器及吸头2支、试管架、滴管、洗耳球、3.8%柠檬酸钠、1%和2% NaCl溶液等。

【方法与步骤】

(1)3%红细胞混悬液的制备：取兔血2 mL,加入盛有0.2 mL3.8%柠檬酸钠溶液的离心管中,混合,放入离心机中,转速3 000 r/min,离心5 min。取出后,弃去上清液,加入生理盐水混合后再离心,然后除去上清液。同法重复一次,即得洗涤之红细胞。用生理盐水配成3%混悬液备用。

(2)取试管12支,从1—12分别标记后,排列在试管架上,按表9-1配制各种浓度的NaCl溶液。

(3)每支试管放入兔3%红细胞混悬液1—2滴,轻轻摇匀,静置2 h后即可观察各试管之溶血现象。

(4)管内液体全部变红而透明,无分层现象者,称完全溶血。记录开始完全溶血试管之溶液浓度,这代表红细胞的最高抵抗力,即最小脆性,正常为0.30%—0.35% NaCl溶液,通常以这个数值表示红细胞的渗透脆性。

(5)管内液体分两层,上层透明带红色、下层混浊不透明者,称不完全溶血或部分溶血。记录开始不完全溶血试管之溶液浓度,这代表红细胞的最低抵抗力,即最大脆性,正常约为0.45% NaCl溶液。

(6)管内液体分两层,上层浅黄色透明,下层红色不透明者,称不溶血。

表9-1　12支试管中各种浓度的氯化钠溶液

试剂	试管号											
	1	2	3	4	5	6	7	8	9	10	11	12
171 mmol·L⁻¹氯化钠溶液/mL	1.7	1.6	1.5	1.4	1.3	1.2	1.1	1.0	0.9	0.8	0.7	0.6
蒸馏水/mL	0.8	0.9	1.0	1.1	1.2	1.3	1.4	1.5	1.6	1.7	1.8	1.9
氯化钠溶液的终浓度/(mmol·L⁻¹)	116.3	109.4	102.6	95.8	88.9	82.1	75.2	68.4	61.6	54.7	47.9	41.0
氯化钠溶液的最终质量浓度/%	0.68	0.64	0.60	0.56	0.52	0.48	0.44	0.40	0.36	0.32	0.28	0.24

◆二、渗透性溶血——鱼类红细胞渗透脆性的测定

【实验材料或器械】

鲫鱼或草鱼、2 mL注射器，5 mL试管10支、5 mL移液器及吸头2支、试管架、滴管、洗耳球、3.8%柠檬酸钠、1%和2% NaCl溶液等。

【方法与步骤】

（1）配制不同浓度的NaCl溶液：取10支试管，分别按表9-2加入NaCl溶液和蒸馏水。

（2）用干燥的2 mL注射器，从鱼尾静脉采集鱼血2 mL，用注射器向10支试管中各滴加1滴鱼血，具体操作时的血量以能看清楚溶血前后的变化为宜。每支试管加完血后应立即轻摇试管使血液混匀，但不可用力过度，以免造成红细胞的破坏。

表9-2　10支试管中分别盛各种浓度的氯化钠溶液

试剂	试管号									
	1	2	3	4	5	6	7	8	9	10
171 mmol·L^{-1}氯化钠溶液/mL	1.3	1.2	1.1	1.0	0.9	0.8	0.7	0.6	0.5	0.4
蒸馏水/mL	1.2	1.3	1.4	1.5	1.6	1.7	1.8	1.9	2.0	2.1
氯化钠溶液终浓度/(mmol·L^{-1})	88.9	82.1	75.2	68.4	61.6	54.7	47.9	41.0	34.2	27.4
氯化钠溶液最终质量浓度/%	0.52	0.48	0.44	0.40	0.36	0.32	0.28	0.24	0.20	0.16

（3）静置约2 h后，观察各试管中的变化。

（4）所出现的现象分为下列3种：

①试管内液体下层为浑浊红色，上层为透明无色或极淡红色液体，表明红细胞完全没有溶血，称为不溶血。

②试管内液体下层为浑浊红色，上层出现透明红色，表示部分红细胞出现了溶血，称为不完全溶血。刚开始出现部分溶血的NaCl溶液浓度，即为红细胞的最小抵抗力或红细胞的最大脆性。

③试管内液体完全变成透明红色，表明红细胞完全溶解，即完全溶血。刚开始引起红细胞完全溶解的NaCl溶液浓度，即为红细胞的最大抵抗力或红细胞的最小脆性。

（5）记录红细胞的脆性范围，即刚开始出现部分溶血到刚开始完全溶血之间的NaCl溶液浓度范围。

◆三、化学性溶血

【实验材料或器械】

兔、3%红细胞混悬液、5 mL试管4支、5 mL移液器及吸头2支、0.9% NaCl、0.1 mol/L HCl、0.1 mol/L NaOH、乙醚或氯仿等。

【方法与步骤】

(1)取试管4支,各盛兔3%红细胞混悬液2 mL,分别加入下列溶液,并观察红细胞在各试管中的溶解现象。

①0.9% NaCl 1 mL。

②乙醚或氯仿0.2 mL。

③0.1mol/L HCl 1 mL。

④0.1mol/L NaOH 1 mL。

(2)半小时后,观察各试管之溶血情形、颜色、透明度。分别记录并解释产生溶血的机理。

【注意事项】

(1)试管编号排列顺序切勿弄错。

(2)在配制不同浓度的NaCl溶液时,要求吸取NaCl溶液和蒸馏水的量要准确无误。

(3)加入血滴后,应轻轻摇匀溶液,切勿剧烈摇动。

思考题

?

(1)为什么在科研实验中或临床上需用各种浓度生理盐水?

(2)产生渗透性溶血与化学性溶血的机理有什么不同?

(3)根据溶血程度,找出家兔或鲫鱼红细胞对低渗溶液的最大抵抗力与最小抵抗力,思考其生理意义。

实验10 | 蛙类心室的期外收缩与代偿间歇

【目的要求】

(1)观察心室在收缩活动的不同时期对额外刺激的反应。

(2)了解心肌兴奋性的变化及代偿间歇的发生机理。

【基本原理】

心肌的机能特征之一是具有较长的不应期,绝对不应期几乎占整个收缩期。在心室收缩期给予任何刺激,心室都不发生反应。在心室舒张期给以单个阈上刺激,则产生一次正常节律以外的收缩反应,称为期外收缩。当静脉窦传来的节律性兴奋恰好落在期外收缩的收缩期时,心室不再发生反应,须待静脉窦传来下一次兴奋才能发生收缩反应。因此,在期外收缩之后,就会出现一个较长时间的间歇期称为代偿间歇(图10-1)。

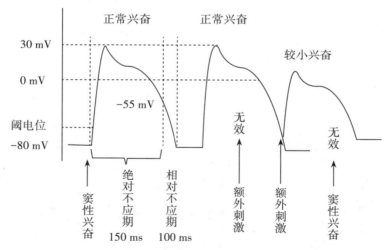

图10-1 产生期外收缩和代偿间歇的心肌生物电原理

【实验材料或器械】

蟾蜍或蛙、常用手术器械、蛙板、蛙心夹、刺激电极、BL-420F生物机能实验系统、张力换能器、滴管、任氏液等。

【方法与步骤】

(1)取蟾蜍或蛙,用探针破坏中枢神经系统,背位固定于蛙板。

(2)自剑突向两侧嘴角方向打开胸腔,剪去胸骨,暴露心脏。

(3)剪开心包膜,认清心房、心室。用带有细铜丝和细线的蛙心夹于心舒期夹住心尖部。

(4)实验装置。

①肌张力换能器一端与生物机能实验系统的CH1相连,另一端与蛙心夹上细线相接,并调节换能器的高度,使细线保持与地面垂直并松紧适度。

②连接刺激装置:刺激电源线一端接主机上的刺激输出孔,另一端刺激电极与离体蛙心接触。

③调节灵敏度及时间常数,并选择适当的刺激参数。

④依次点击实验项目、循环系统实验、期前收缩与代偿间歇。

(5)观察项目。

①记录一段正常的心搏曲线。

②分别于心室活动的舒张期、收缩期给予一个阈上单刺激,观察有无额外的收缩,即期外收缩和随后出现的代偿间歇(图10-2)。

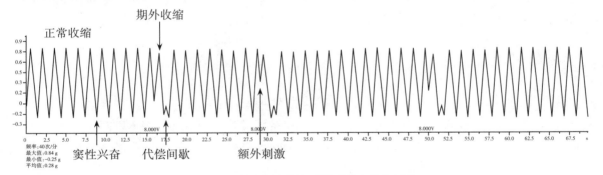

图10-2　蛙心正常收缩、期外收缩与代偿间歇

思考题

(1)实验结果说明心肌的哪些生理特性?

(2)心肌的不应期较长有何生理意义?

实验11 | 蛙类离体心脏灌流

【目的要求】

(1)学习斯氏离体蛙心灌流法。

(2)观察 Na^+、K^+、Ca^{2+} 及肾上腺素、乙酰胆碱等对离体心脏活动的影响。

【基本原理】

心肌具有做自动节律性收缩活动的特性,可用人工灌流的方法研究心脏活动的规律及其特点,还可通过改变灌流液的成分或加入某些药物来观察其对心脏活动的影响。

【实验材料或器械】

蛙板、斯氏蛙心套管、常用手术器械、BL-420F生物机能实验系统、张力换能器、蛙心夹、铁架台、棉球及线、任氏液、套管夹、0.65% NaCl溶液、5% NaCl溶液、2% $CaCl_2$溶液、1% KCl溶液、1:10 000肾上腺素溶液、1:100 000乙酰胆碱溶液、300 U/mL肝素溶液等。

【方法与步骤】

(1)离体蛙心的制备:采用斯氏蛙心插管法,取一只蟾蜍或蛙,双毁髓后背位置于蛙板中,暴露心脏。仔细识别心脏周围的大血管。在左主动脉下方穿一线,距动脉圆锥2—3 mm处结扎。再从左、右两主动脉下方穿一线,打一活结备用。左手提起左主动脉上的结扎线,右手用眼科剪在动脉圆锥前端,沿向心方向剪一斜口,然后将盛有少量任氏液(内加入一滴肝素抗凝)的斯氏蛙心套管由此开口处插入动脉圆锥。当套管尖端到达动脉圆锥基部时,应将套管稍稍后退,使尖端向动脉圆锥的背部后方及心尖方向推进。经主动脉瓣插入心室腔内(于心室收缩时插入)。不可插得过深,以免心壁堵住套管下口。此时可见套管中液面随心脏搏动而上下移动,用滴管吸去套管中的血液,更换新鲜任氏液,提起备用线,将左、右主动脉连同插入的套管扎紧(不得漏液),再将结线固定在套管的小玻璃钩上。剪断结扎线上方的血管。轻轻提起套管和心脏,在心脏下方绕一线,将左右肺静脉、前后腔静脉一起结扎,注意保留静脉窦与心脏的联系,切勿损伤静脉窦,于结扎线的外侧剪去所有牵连的组织,将心脏离体。用任氏液反复冲洗心室内余血,使灌流液不再有血液。保持套管内液面高度恒定(1.5—2.0 cm),即可进行实验。蛙类心脏的结构见图11-1至图11-4,斯氏蛙心插管路径见图11-5。

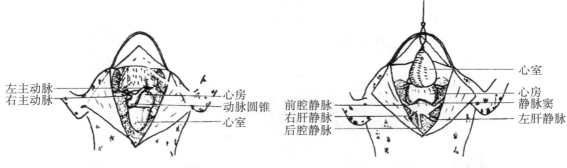

图11-1 蛙类心脏腹面观示意图　　　　　　图11-2 蛙类心脏背面观示意图

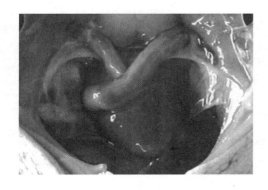

图11-3 蛙类心脏背面观

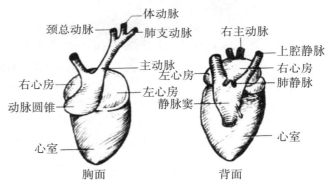

图11-4 蛙心脏解剖图

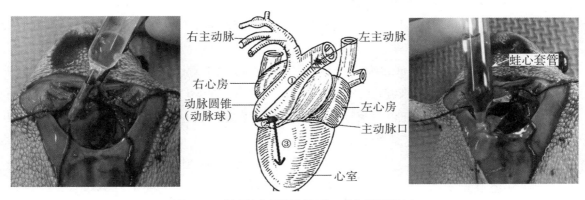

图11-5 斯氏蛙心插管路径(①—③为插管顺序)

（2）将插好离体心脏的套管固定在支架上，用蛙心夹夹住心尖（不可夹得过多，以免漏液）。将蛙心夹上的系线绕过一个滑轮与张力换能器相连（图11-6）。张力换能器与生物机能实验系统相连，使用生物机能实验系统采集数据。

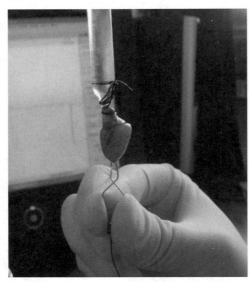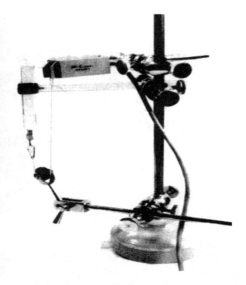

图11-6　离体蛙心与张力换能器的连接

（3）实验观察。

①记录正常心搏曲线。

②用0.65% NaCl溶液灌流，做好加药标记，观察心搏曲线的频率及振幅的变化。当曲线出现明显变化时，立即吸去套管中的灌流液（做好冲洗标记），用新鲜任氏液清洗2—3次，待心搏恢复正常。

③向套管内加2—6滴5% NaCl溶液，用计算机做好加药标记，观察心搏曲线的频率及振幅的变化。当曲线出现明显变化时，立即吸去套管中的灌流液（做好冲洗标记），用新鲜任氏液清洗2—3次，待心搏恢复正常。

④向套管内加入1滴2%$CaCl_2$溶液，观察并记录心搏曲线的变化。当出现明显变化时，立即更换任氏液（方法同上），待心搏恢复正常。

⑤向套管中加1—2滴1%KCl溶液，记录心搏曲线的变化。当心搏曲线变化时，立即同②法更换灌流液，待心搏恢复正常。

⑥同③法记录套管中加入1—2滴1∶10 000肾上腺素溶液后心搏曲线的变化。

⑦同③法记录套管中加入1—2滴1∶100 000乙酰胆碱溶液后心搏的变化。

实验结果记录于表11-1中。改变灌流液成分对蛙类离体心脏活动的影响记录曲线示例见图11-7。

表11-1　改变灌流液成分对蛙类离体心脏活动的影响

实验项目		心率/(次·min⁻¹)	幅度/g	基线变化
0.65% NaCl	对照			
	给药			
	恢复			
5% NaCl	对照			
	给药			
	恢复			
2% CaCl₂	对照			
	给药			
	恢复			
1% KCl	对照			
	给药			
	恢复			
肾上腺素	对照			
	给药			
	恢复			
乙酰胆碱	对照			
	给药			
	恢复			

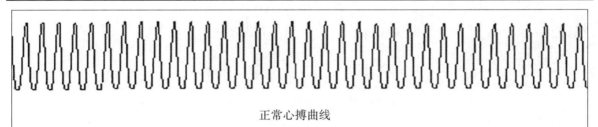

正常心搏曲线

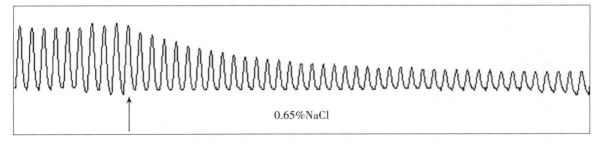

0.65%NaCl

图11-7　改变灌流液成分对蛙类离体心脏活动的影响记录曲线示例

注:箭头是开始加试剂的位置,后同。

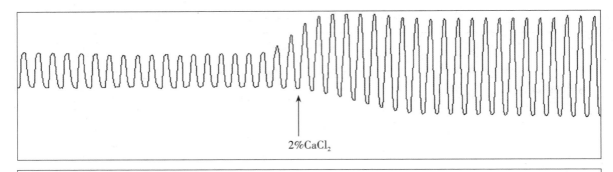

2%CaCl₂

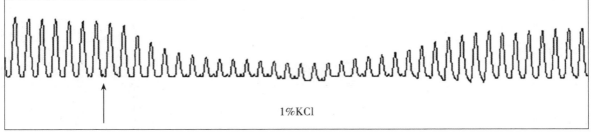

1%KCl

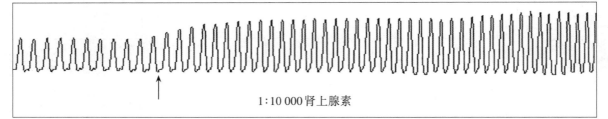

1:10 000肾上腺素

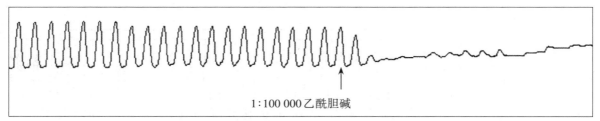

1:100 000乙酰胆碱

图11-7　改变灌流液成分对蛙类离体心脏活动的影响记录曲线示例(续)

思考题

(1)此实验说明心肌有哪些生理特性?

(2)以本实验为例说明内环境相对恒定的重要意义。

(3)各种离子和药物对心搏有何影响,为什么?

实验12 蛙类心脏的神经支配

【目的要求】

(1)了解蛙类心脏的神经支配。

(2)掌握迷走神经和交感神经对心脏活动的影响规律的实验观察方法。

【基本原理】

蛙类心脏受副交感神经(行走于迷走神经中)和交感神经的双重支配;迷走神经和颈交感神经混合成一个迷走交感神经干(迷走交感干);迷走神经兴奋时心脏搏动减弱减慢;交感神经兴奋时心脏搏动增强加快;迷走神经兴奋性较高,低频低强度电刺激迷走交感干时多产生迷走效应;高频高强度刺激时易产生交感效应;中等频率和强度的刺激,表现为先迷走后交感的双重效应。

【实验材料或器械】

BL-420F生物机能实验系统、蟾蜍或蛙、常用手术器械、蛙板、蜡盘、蛙心夹、张力换能器、保护电极、任氏液、1%阿托品等。

【方法与步骤】

(1)双毁髓后暴露蟾蜍或蛙的心脏。

(2)分离并暴露蟾蜍或蛙的迷走交感神经干。

在一侧下颌角与前肢之间剪开皮肤,分离深部的结缔组织,找到一条长形的提肩胛肌。切断提肩胛肌就能看到一血管神经束(含有皮动脉、颈静脉和迷走交感神经干)。分离血管神经束,用玻璃分针提起迷走交感神经干,穿线备用。(图12-1)

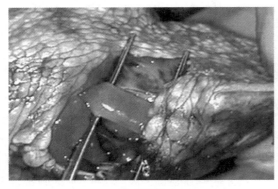
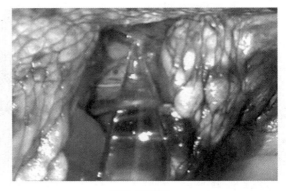

提肩胛肌　　　　　　　　　　　　　　迷走交感干

图12-1　蛙类迷走交感神经干的解剖位置

（3）实验动物与设备的连接。

在体蛙心通过蛙心夹、棉线和张力换能器与生物机能实验系统连接。保护电极仔细地安放在迷走交感神经干上并用双凹夹固定在铁架台上。

（4）实验观察。

①选择实验项目→循环实验→期外收缩和代偿间歇，先记录正常的心搏曲线，再用不同频率和强度的电刺激作用于迷走交感神经干，观察和记录蛙类心脏活动的变化。通常低频、低强度电刺激迷走交感神经干时，多产生迷走效应，即心搏抑制；高频、高强度刺激时易产生交感效应，即心搏活动增强；中等频率和强度的刺激，往往表现为先迷走后交感的双重效应，即心搏活动先抑制后增强。

②在静脉窦和心房部位加1%阿托品溶液2—3滴，5 min后再用原刺激强度和频率刺激迷走交感神经干并观察记录效应。滴加阿托品后可阻断迷走神经对心脏的影响，表现为单纯的交感效应，即只表现出心搏活动增强。

（5）对观察记录结果进行编辑整理及打印。

停止实验，保存文件至电脑硬盘。在软件中重新打开保存的记录曲线，先对曲线进行标记，然后用图形剪辑工具对需要的图形进行剪辑，设置小组成员后，再打印出编辑好的图形。

【注意事项】

（1）迷走交感干周围的组织液需用棉球吸干，防止短路或电流扩散。

（2）每次刺激的时间不能过长，两次刺激之间须间隔3—5 min，以防损伤神经。

（3）须常用任氏液湿润心脏，以防干燥而失去生理活性。

（4）交感神经和迷走神经的效应往往随季节、气温和动物个体而变化，在实验过程中需灵活分析。

思考题

?

(1)迷走神经和交感神经兴奋时,分别对心脏产生什么样的效应? 机理是什么?

(2)低频、低强度电刺激迷走交感神经干时,为什么只显示出迷走效应?

(3)滴加阿托品后再电刺激迷走交感神经干时,为什么只表现为单纯的交感效应?

实验13 ┃ 家兔动脉血压的调节

【目的要求】

本实验通过动脉血压的变化来反映心血管活动的变化。目的在于间接地观察心血管活动的神经体液性调节和学习哺乳动物动脉血压的直接测量方法。

【基本原理】

心脏受交感神经和副交感神经支配。心交感神经兴奋使心跳加快加强,传导加速,从而使心输出量增加。支配心脏的副交感神经为迷走神经,兴奋时心率减慢,心房收缩力减弱,房室传导减慢,从而使心输出量减少。支配血管的自主性神经,绝大多数属于交感缩血管神经,兴奋时使血管收缩,外周阻力增加。同时由于容量血管收缩,促进静脉回流,心输出量亦增加。心血管中枢通过反射作用,调节心血管的活动,改变心输出量和外周阻力,从而调节动脉血压。

心血管活动除受神经调节外,还受体液因素的调节,其中最重要的为肾上腺素和去甲肾上腺素。它们对心血管的作用既有共性,又有特殊性。肾上腺素对 α 与 β 受体均有激活作用,使心跳加快,收缩力加强,传导加快,心输出量增加。它对血管的作用取决于两种受体中哪一种占优势。去甲肾上腺素主要激活受体 α,对 β 受体作用很小,因而使外周阻力增加,动脉血压增加。其对心脏的作用远较肾上腺素弱。静脉内注入去甲肾上腺素时,血压升高,可反射性地引起心动过缓。

【实验材料或器械】

BL-420F 生物机能实验系统、家兔、手术台、止血钳、眼科剪、支架、双凹管、气管插管、动脉插管、三通管、动脉夹、压力传感器、保护电极、照明灯、纱布、棉球、丝线、注射器(1 mL,5 mL,20 mL)、生理盐水、4% 柠檬酸钠、20%—25% 氨基甲酸乙酯、肝素(200 U/mL)、肾上腺素(1∶5 000)、乙酰胆碱(1∶10 000)等。

【方法与步骤】

1.实验仪器的准备

打开生物机能实验系统,接通压力传感器。从显示器的"实验项目"中找出"循环实验"的"家兔血压的调节"条,使显示器显示压力读数。

2.连通液导系统并制压

将压力传感器的下方支管,通过输液管连接三通管,再连接动脉插管。上侧管供制压时排除管内空气。先用装有20 mL4%柠檬酸钠的注射器,通过三通管向连接动脉插管的输液管内推注,使之充满液体(不要使动脉插管高过压力传感器的上方支管)后,再用止血钳夹住动脉插管端的输液管。然后继续向三通管内推注,直至充满压力传感器的上方支管,并用塞子塞住(注意:液导系统内不可有气泡)。继续向三通管内推注,同时观察显示器上压力的变化。当加压到120 mmHg(1mmHg=133.32 Pa)时即可关闭三通管。观察压力是否变化,如果压力下降,则需要检查液导系统的漏液原因,并重新制压。调节血压显示器的灵敏度,使30—130 mmHg的变化都能在显示器上明显地反映出来。将动脉插管端的导管内充满肝素溶液。

3.动物的准备

(1)麻醉家兔并进行颈部手术,插入气管插管,分离主动脉神经。同时分离迷走神经并穿线备用。再将止血钳从颈总动脉下方穿过,轻轻张开止血钳,分离出2—3 cm长的颈总动脉。分离出的颈总动脉外壁应该十分光洁,外面并无结缔组织及脂肪等物。在动脉上穿两条备用棉线,分别打上活结。将两线分别拉至分离出的动脉两端备用。同样方法分离另一侧血管与神经(一侧动脉用于插管测压,另侧供动脉实验用)。由于家兔的品种不同,个体之间也有差异,常发现3条神经的解剖位置有些变化。

(2)动脉插管。首先用5 mL注射器从耳缘静脉注入肝素(200 U/kg)以防凝血。然后在一侧动脉行动脉插管术以记录血压。其方法如下:

将动脉头端的备用线尽可能靠头端结扎(务必扎紧,以防渗血),然后在另一备用线的向心侧(尽可能近心端),用动脉夹夹闭。轻轻提起动脉头端的结扎线,用锐利的眼科剪在靠近扎线的稍后方,沿向心方向斜向剪开动脉上壁(注意:不可只剪开血管外膜,也切勿剪断整个动脉,剪口大小约为管径的一半)。一手持弯头眼科镊,将其一个弯头从剪口处插进动脉少许,轻轻挑起剪开的动脉上壁,另一手将准备好的动脉插管由开口处插入动脉管内。如果插入较浅,可用一手轻轻捏住进入插管的动脉管壁,另一手拿住动脉插管,顺势轻轻推进至6—8 mm左右(如果手感滞涩,说明插管并未进入动脉,必须退出插管,重新剪口再插),用备用线将动脉连同进入的插管扎紧(插管不可因扎线松动而滑出,亦不可漏液),并将余线系在插管的固定侧支上,以免滑脱。注意:插管应与动脉血管的方向一致,以防插管尖端扎破动脉管壁。轻轻取下向心端动脉夹,可见动脉血与插管内液体混合。再取下通向压力传感器的止血钳,此时显示器上出现血压的波动曲线。

4.实验观察

(1)观察正常血压曲线。调节扫描速度与增益,可以明显地观察到心室射血与主动脉回缩形成的压力变化与收缩压、舒张压的读数。有时可以观察到血压曲线随呼吸变化,心搏为一级波,呼吸波为二级波。然后将扫描速度调慢,观察正常血压曲线。

(2)轻轻提起对侧完好颈总动脉上的备用线,用动脉夹夹闭30 s(于夹闭前记录动脉通畅时的血压曲线),观察并记录血压变化。出现变化后即取下动脉夹,记录血压的恢复过程。

(3)记录对照血压曲线后,用手指按压颈动脉窦(下颌下方内侧),观察并记录血压变化。当血压明显下降时,则停止按压,待血压恢复(如果血压反而升高,说明按压的是血管,需重新寻找按压位置)。

(4)刺激主动脉神经。使刺激输出端连接保护电极,轻轻提起主动脉神经上的备用线,小心地将神经置于保护电极之上。记录对照血压曲线后,再用中等强度的连续电脉冲信号,通过保护电极,刺激神经10—20 s。血压出现明显下降后即可停止刺激,并待血压恢复。如果血压并不下降,可调整刺激强度或刺激频率再行刺激。任何刺激都无效时,则表示此神经并非主动脉神经。需要重新辨认神经后再行实验。

(5)分别刺激主动脉神经中枢端和外周端。双结扎主动脉神经后(务必结扎),从中剪断神经。记录对照血压后,同法分别刺激神经的中枢端和外周端,观察并记录血压变化。

(6)刺激迷走神经。记录对照血压后,用同样的方法刺激迷走神经,观察血压下降曲线与(4)有何不同(如果血压下降很快、很低,应立即停止刺激)。

(7)结扎并剪断迷走神经。同时结扎双侧迷走神经后剪断,观察血压有何变化。

(8)刺激迷走神经外周端。分别刺激两侧迷走神经外周端,观察并记录血压变化有何不同。

(9)肾上腺素对血压的影响。记录对照血压曲线后,用1 mL注射器,从耳缘静脉注入0.1—0.3 mL肾上腺素溶液,观察并记录血压变化及恢复曲线。

(10)乙酰胆碱对血压的影响。同法注入0.1—0.2 mL乙酰胆碱溶液,观察并记录注射前后血压变化。

(11)失血对血压的影响。从另一侧动脉插管后慢慢放血,观察放血量对血压的影响。

【注意事项】

(1)一项实验完成后,须待血压基本恢复后再进行下一项实验。

(2)随时注意动物的麻醉深度,如动物出现挣扎,可补注少量麻醉剂。

（3）注意保温,保温不好易引起动物死亡。

（4）整个手术过程中必须注意及时止血。

思考题

（1）讨论各项实验结果,说明血压正常及发生变化的机理。

（2）如何证明主动脉神经是传入神经?

（3）如何证明迷走神经外周端对心脏有调节作用?

（4）试分析主动脉神经放电与血压变化的关系。

（5）根据实验结果,说明神经、药物对心率与呼吸的影响。

实验14 | 蛙类毛细血管血液循环的观察

【目的要求】

(1)观察各种血管内血液流动的特点。

(2)了解某些药物对血管舒、缩活动的影响。

【基本原理】

蛙类的肠系膜及膀胱壁很薄,在显微镜下可以直接观察其血液循环。根据血管口径的粗细、管壁的厚度、分支的情况和血流的方向等可以区分动脉、静脉和毛细血管。

【实验材料或器械】

蟾蜍或蛙、常用手术器械、显微镜、玻璃板或载玻片、塑料环或玻璃环(直径7—8 mm、高3—4 mm、边缘光滑)、蛙循环板(带孔的薄木板、孔直径2.5—3.0 cm)、2 mL注射器、滴管、20%氨基甲酸乙酯、组胺(1:10 000)、去甲肾上腺素(1:100 000)、任氏液、黄蜡油或502胶等。

【方法与步骤】

(1)取蟾蜍或蛙一只,称重后于皮下后淋巴心注入20%氨基甲酸乙酯(3 mg/g)麻醉。

(2)观察血液循环的方法有两种:

①先将塑料环或玻璃环一端的边缘涂上少许黄蜡油,粘在干净的玻璃板上(如用502胶把小环固定在玻璃上更好),环内加几滴任氏液。再将麻醉的蟾蜍背位置于玻璃板上,使右侧面紧靠小环。用手术镊轻轻提起右侧腹壁,再用手术剪在腹壁上剪一长约1 cm的纵向开口。轻轻拉出小肠袢,将肠系膜平铺在小环上(勿拉破系膜)。在显微镜下可观察肠系膜的血液循环。

②将麻醉的蟾蜍或蛙背位置于蛙循环板上,使腹部靠近循环板孔,再将载玻片的一端靠腹部并盖在循环板孔上。用手术镊提起靠近循环板侧的腹部皮肤,按纵向剪开皮肤,切口约长1.5 cm。

再剪开腹壁肌肉,由于膀胱壁薄又充满尿液,有压力,用手术镊支开切口,再将对侧的体位稍加抬高,膀胱借着尿液流动的压力而自动地移到体外的载玻片上。在显微镜下可观察膀胱血液循环。

(3)在低倍镜下观察血液循环,识别动脉、静脉、小动脉、小静脉、毛细血管、动静脉吻合支。

(4)在肠系膜或膀胱上滴几滴组胺溶液,观察血流的变化。出现变化后立即用任氏液冲洗。

(5)待血流恢复正常后,再滴几滴去甲肾上腺素溶液,观察血流的变化。

【注意事项】

(1)实验中不可碰破膀胱,以免尿液流出影响实验。

(2)提夹腹壁肌时只能夹肌层,不能牵连内脏器官。

思考题

❓

(1)不同血管的形态及血流特点如何与生理机能相适应?

(2)分析不同药物引起血流变化的机制。

实验15 ┃ 人体动脉血压的测定及其影响因素

【目的要求】

(1)学习并掌握人体间接测压法的原理和方法。

(2)观察在正常情况下,某些因素对动脉血压的影响。

【基本原理】

测定人体动脉血压最常用的方法是间接测压法,是使用血压计在动脉外加压,根据血管音的变化来测量动脉血压的。通常血液在血管内流动时并没有声音,但如给血管以压力而使血管变窄形成血液涡流时则可发生声音(血管音)。用压脉带在上臂给肱动脉加压,当外加压力超过动脉的收缩压时,动脉血流完全被阻断,此时用听诊器在肱动脉处听不到任何声音。如外加压力低于动脉内的收缩压而高于舒张压时,则心脏收缩时,动脉内有血流通过,舒张时则无,血液断续地通过血管,形成涡流而发出声音。当外加压力等于或小于舒张压时,则血管内的血流连续通过,所发出的音调突然降低或声音消失,故恰好可以完全阻断血流所必需的最小管外压力(即发出第一次声音时)相当于收缩压。在心舒张时有少许血流通过的最大管外压力(即音调突然降低时)相当于舒张压。由前一实验可知,在正常情况下,人或哺乳动物的血压是通过神经和体液调节而保持其相对的稳定性。但是血压的稳定是动态的,是在不断的变化和调节中得到的,不是静止不变的。人体的体位、运动、呼吸以及温度等因素对血压均有一定影响。

【实验器材】

血压计、听诊器。

【方法与步骤】

(1)受试者脱左臂衣袖,静坐5 min。

(2)松开打气球上的螺丝,将压脉带内的空气完全放出,再将螺丝扭紧。

(3)将压脉带裹于左上臂,其下缘应在肘关节上约3 cm处,松紧应适宜。受试者手掌向上平放于台上,压脉带应与心脏同一水平。

(4)在肘窝部找到动脉搏动处,左手持听诊器的胸具置于其上。注意:不可用力下压。

(5)听血管音变化时,右手持打气球,向压脉带打气加压,此时注意倾听声音变化,在声音消失后再加压30 mmHg,然后扭开打气球之螺丝,缓慢放气(切勿过快),此时可听到血管音的一系列变化,声音从无到有,由低而高,而后突然变低,最后完全消失。然后扭紧打气球螺丝继续打气加压,反复听声音变化2—3次。

(6)测量动脉血压重复上一操作,同时注意检压计之水银柱和声音变化。在徐徐放气减压时,第一次听到血管音的水银柱高度即代表收缩压。在血管音突然由强变弱时的水银柱高度即代表舒张压,记下测定数值后,将压脉带内的空气放尽,使压力降至零。再重测1次后,将测定值记录下来。

(7)体位对血压的影响。体位改变会导致重力对血液的影响发生变化,通过对血压的调节,保持适宜的器官血流量。

①受试者仰卧于实验台上,休息5 min后测量其血压。

②受试者取立正姿势15 min,其间每隔5 min测量血压一次,并记录测量数值。

(8)呼吸对血压的影响

①向压脉带内打气加压后,徐徐放气到听见收缩压的血管音为止,扭紧打气球螺丝。让受试者做缓慢的深呼吸1 min,而后即刻测量其血压。

②让受试者做一次深吸气后紧闭声门,对膈肌和腹肌施以适当的压力,在可坚持的时间内测量其血压,并记录数据。

(9)运动对血压的影响。让受试者做原地蹲起运动,1 min内完成30次,共做2 min。运动后立即坐下,30 s测量血压一次,直至血压恢复正常。精确记录每次测量血压的时间,画出血压恢复过程与时间的函数关系曲线,并记录变化最大的血压数值。

实验结束后,分男、女两组,分别求出男生组、女生组运动前后收缩压与舒张压的均数和标准差,并根据不同的公式进行男女两组间和运动前后收缩压、舒张压变化的t检验,查出P值,看男女两组和运动前后血压的变化有无显著意义。

【注意事项】

(1)测压时室内须保持安静,以利听诊。

(2)戴听诊器时,务使耳具的弯曲方向与外耳道一致,即接耳的弯曲端向前。

(3)压脉带裹绕要松紧适宜,并与心脏同一水平。

(4)重复测压时,须将压脉带内空气放尽,使压力降至零位,而后再加压测量。

思考题

?

(1)根据血压测定的原理,试思考用触诊法能否测出收缩压,为什么?

(2)体位和呼吸改变后,血压有何变化? 为什么?

(3)根据生物统计结果,男女两组,运动前后血压的改变有无显著性差异? 为什么?

实验16 ‖ 人体心电图的描记

【目的要求】

(1)学习心电图机的使用方法和心电图波形的测量方法。

(2)了解人体正常心电图各波的波形及其生理意义。

【基本原理】

心脏在收缩之前,首先发生电位变化。心电变化由心脏的起搏点——窦房结开始,经特殊传导系统最后到达心室肌,引起肌肉的收缩。心脏犹如一个悬浮于容积导体中的发电机,其综合性电位变化可通过容积导体传播到人体的表面,并为体表电极所探知,经心电图机的放大和记录,成为心电图。心电图可以反映心脏内综合性电位变化的发生、传导和消失过程,但不能说明心脏收缩活动的变化。正常心电图包括P、QRS和T三个波形,它们的生理意义为:P波,心房去极化;QRS波群,心室去极化;T波,心室复极化。

存在P-R间期,即兴奋在心房心室之间的传导时间。

【实验材料或器械】

心电图机或BL-420F生物机能实验系统、电极夹、诊断床、导电糊(或生理盐水)、酒精棉球等。

【方法与步骤】

(1)受试者安静平卧或取坐式,摘下眼镜、手表、手机等,全身肌肉放松。

(2)按要求将心电图机面板上各控制按钮置于适当位置。在心电图机妥善接地后接通电源。

(3)安放电极。将准备安放电极的部位先用酒精棉球脱脂,再涂上导电糊(或用生理盐水擦湿),以减小皮肤电阻。电极夹应夹在肌肉较少的部位,一般两臂应在腕关节上方(屈侧)约3 cm处,两腿应在小腿上方约3 cm处。

（4）连接导联线。按所用心电图机的规定，正确连接导联线。一般以5种不同颜色的导联线插头与身体相应部位的电极连接。上肢导联线颜色，左黄、右红；下肢导联线颜色，左绿、右黑；胸部导联线颜色，白色。胸部电极的位置一般有6个。

（5）调节基线调节装置，使基线位于适当位置。

（6）输入标准电压。打开输入开关，调好心电图机的工作状态，并输入标准电压。

（7）记录心电图。确定基线平稳、无肌电干扰和市电干扰后，即可按所用心电图机的操作方法依次记录肢体导联Ⅰ、Ⅱ、Ⅲ、aVR、aVL、aVF，胸前导联V_1、V_2、V_3等9个导联的心电图，同时记录标准电压。

（8）记录完毕后取下记录纸，写上受试者姓名、年龄、性别及实验时间。如记录纸上未打印出导联则需记下导联。

（9）测量Ⅱ、V_5等导联的P波、R波、T波振幅，P–R、Q–T、R–R间期。

【注意事项】

（1）描记心电图时，受试者应尽量放松。

（2）受试者应将身上的所有金属物品取下。

（3）测量波形幅值时，向上波应测量基线上缘至波峰顶点的距离；向下波为基线下缘至波底距离。

思考题

（1）说明心电图各波的生理意义。如果P–R间期延长而超过正常值，说明什么问题？

（2）P–R间期与Q–T间期的正常值与心率有什么关系？

（3）R–R间期不等超过一定数值时，心脏发生了何种疾患？

实验17 | 几种实验动物的心电图描记

【目的要求】

(1)学习描记几种动物心电图的方法。

(2)了解鱼类、两栖类、鸟类和哺乳类等实验动物正常心电图的波形。

【基本原理】

在动物进化过程中,虽然心脏的结构和功能不断变化,逐渐完善,但心肌细胞的基本电活动却大同小异。整个心脏的综合性电变化也可通过动物体传导到动物的体表,并输入生物机能实验系统,实验人员可对此进行观察和记录。动物的心电图与人的心电图相似,基本包括P波、QRS波群和T波。某些动物(如鳝鱼、乌龟等)心电活动的电压偏低,在I导联上常常描记不出明显的波形。此外,在某些动物心电图的QRS波群中,Q波较小或缺失。

【实验材料或器械】

鳝鱼、蟾蜍或蛙、乌龟、家鸽、家兔、常用手术器械、心电图机或生物机能实验系统、动物手术台、蛙板、针形电极(注射针头)、粗砂纸、分规等。

【方法与步骤】

1.动物的固定

本实验采用不麻醉的方法,进行正常心电图描记。根据不同动物的特点,采用不同的固定方式。

(1)鳝鱼:将体表的黏液用纱布擦去,置于用粗砂纸铺垫的实验台上。

(2)蟾蜍或蛙:将动物背位固定于蛙板上。固定后需让动物安静20 min左右方可进行描记。

(3)乌龟:将乌龟背位放置于实验台的棉垫上,即可描记清醒状态下的心电图。在描记前需轻度刺激腹甲,以保证在安静状态下进行心电图描记。

(4)鸽:将动物背位放置于解剖台上,以鸟头固定夹固定其头部,再用缚带将两肢固定于解剖台的侧柱上。

(5)兔:将清醒家兔强行背位固定于解剖台上,用缚带紧紧固定其头部和四肢,需让动物安静20 min左右方可进行心电图描记。

2.安放电极

(1)鳝鱼:以4个针形电极刺入鳝鱼两侧中线皮下,其部位在心脏的上下5 cm的两侧侧线上。如欲描记胸前导联心电图,可把电极插入心尖部皮下。

(2)蛙(或蟾蜍):以针形电极刺入蛙四肢皮下。描记胸前导联时,可将电极刺入心尖部皮下。

(3)乌龟:以针形电极从前肢肩部皮肤和后肢腋前部皮肤刺入皮下。

(4)鸽:将两针形电极分别插入左右两翼相当于肩部的皮下,两肢的电极则需插入股部外侧皮下。胸前导联电极安放如下:以胸前龙骨突的正中线最顶端之上缘向下1.5 cm处为起点,由起点向左侧外侧1.5 cm处为V_1,V_1再向外侧1.5 cm为V_3。根据鸟类的心脏胸骨面几乎全部为右心室外壁的解剖特点,V_5应在左翼的腋后线外下部1.5 cm处。以针形电极分别插入以上各点之皮下,可得到V_1、V_3、V_5的心电图。

(5)兔:前肢的两个针形电极分别插入肘关节上部的前臂皮下,后肢的两个针形电极分别插入膝关节上部的大腿皮下。胸前导联可参照人的相应部位安放,即:V_1,胸骨右缘第4肋间;V_2,胸骨左缘第4肋间;V_3,V_2与V_4连线的中点;V_4,左锁骨中线与第5肋间之中点;V_5,左腋前线与V_4同一水平;V_6,左腋中线与V_4同一水平。

3.连接导联线与仪器的安装

(1)如使用心电图仪描记,可参看实验16连接导线。以5种不同颜色的导联线插头分别与动物体的相应部位的针形电极连接。上肢,左黄、右红(鳝鱼心脏上部的两电极和鸽两翼的两电极相当于上肢部位,亦为左黄、右红);下肢,左绿、右黑(鳝鱼心脏下部的两电极);胸前白。

(2)如使用生物机能实验系统记录动物心电图,在实验系统的ECG输入接口上,连接好心电引导电极,接通心电图通道。

4.确定走纸速度或采样速率

一般为25 mm/s。但某些动物心率过快,如兔、鼠等,可将走纸速度或采样速率调至50 mm/s。

5.输入标准电压

打开输入开关,在热笔预热5 min后,重复按动1 mV定标电压按钮,使描笔向上移动10 mm(蛙类、兔与鸽)或20 mm(鳝鱼与乌龟),开动记录开关,记下标准电压曲线。

6.记录心电图

确定基线平稳、无肌电干扰和市电干扰后,即可按所用心电图仪或生物机能实验系统的操作方法,旋动导联选择开关,依次记录Ⅰ、Ⅱ、Ⅲ、aVR、aVL和aVF等6个导联的心电图。如要描记胸导联心电图,可将导联选择开关拨至V处进行描记。记录完毕后取下针形电极。将心电图仪面板上的各控制按钮恢复原位,最后切断电源。取下记录纸或保存记录的心电图波形,记下实验动物、性别、室温及实验日期。

7.测量与计算

测量Ⅱ导联P波、QRS波群、T波振幅以及P-R、Q-T、R-R间期,并计算其心率。

【注意事项】

(1)在清醒动物上进行心电图描记必须保证动物处于安静状态,否则动物挣扎,肌电干扰很大。在固定动物后必须让其稳定一定时间后再描记心电图。

(2)针形电极与导联连接必须紧密,如有松动会出现50 Hz干扰。

(3)记录心电图过程中,每次变换导联时必须先将输入开关切断,待导联变换后再开启。每换一次导联,均须观察基线是否平稳及有无干扰,如基线不稳有干扰存在,须调整或排除后再进行记录。

思考题

(1)测量、分析各种动物的心电图,思考心电图各个测项的意义。

(2)比较人与动物以及不同动物之间心电图的异同,思考这些异同出现的原因。

实验18 | 人体呼吸运动和通气量的测量

【目的要求】

(1)学习描记人体呼吸运动的方法。
(2)观察影响呼吸运动的若干因素。
(3)掌握呼吸通气量的测量方法。

【基本原理】

膈和胸廓中的胸壁肌是产生呼吸运动的动力器官,引起胸廓的张缩,从而牵引肺的运动。呼吸时胸廓大小的变化可以通过呼吸传感器(张力传感器或压力传感器)记录下来,形成呼吸运动曲线,用于观察某些因素对呼吸运动的影响。

气体通过呼吸道进出肺的过程称为肺通气。人的性别、年龄、疾病及运动情况不同,其肺通气也会不同。肺通气功能的测定对了解诸多影响因素有重要作用。肺容积和肺容量是评价肺通气功能的重要指标。肺容积指不同状态下肺的容积。由潮气量、补吸气量、补呼气量、余气量和肺结构状态等因素决定。正常安静状态下每次呼吸的气体量称潮气量。在平静吸气后再作最大吸气动作所能增加的吸气量称为补吸气量。平静呼气后再用力呼出的最大气量称为补呼气量。肺容量,指肺活量、残气量等的总和。肺活量是指一次尽力吸气后再尽力呼出的气体总量。肺活量=潮气量+补吸气量+补呼气量。

【实验材料或器械】

呼吸传感器及胸带、单筒肺量计、生物机能实验系统、大塑料袋、氧气袋、缝针、棉线、鼻夹、冰水、记录纸、橡皮接口、烧杯、75%酒精、酒精棉球等。

【方法与步骤】

◆一、呼吸运动的描记

1.实验准备

开启生物机能实验系统,接通呼吸传感器的输入通道(可用张力输入信号),受试者取坐位,将连有呼吸传感器的胸带,在胸部呼吸起伏最明显的水平位置围绕一周,松紧调整适度。启动波形显示图标,调整增益和扫描速度,使正常呼吸曲线清晰地显示出来。

2.实验观察

(1)受试者平稳正常呼吸1—2 min,观察呼吸曲线的频率及幅度。

(2)过度通气:记录一段正常对照通气的呼吸运动曲线后,停止记录。让受试者做极快、极深呼吸1—2 min,观察并记录深快呼吸后呼吸运动的暂停现象。注意记录暂停的持续时间与恢复过程。

(3)在一封闭系统中过度通气:先记录一段对照平和呼吸运动曲线,然后让受试者的鼻子对着一个封闭的大塑料袋呼吸,重复步骤(2)后,记录过度通气后的呼吸运动曲线,并比较(3)与(2)的实验结果有何不同。

(4)在一封闭系统中重复呼吸:先记录一段对照平和呼吸运动曲线,然后用大塑料袋罩住口鼻或套住整个头部,让受试者对着袋子呼吸并连续记录,随后每隔2 min观察呼吸频率和幅度的变化。当受试者感到呼吸困难时则停止实验。

(5)缺氧呼吸:记录一段平静呼吸运动曲线,然后用大塑料袋套住头面部,袋内放入一小袋钠石灰,吸收呼出气中的二氧化碳和水汽,并连续记录呼吸运动曲线的变化。当受试者感觉呼吸困难时,立即停止实验。

(6)精神集中对呼吸运动的影响:记录一段平和呼吸运动曲线后,请受试者穿针或朗诵,记录其呼吸运动曲线。这一实验的目的是观察延髓以上高级中枢对呼吸运动的作用。

(7)屏息对呼吸运动的影响:先记录一段平和呼吸运动曲线,然后让受试者尽量屏息,同时记录屏息的持续时间,在屏息达到最高限度后重新呼吸,观察呼吸运动曲线的变化。

(8)增加呼吸道阻力:记录平和呼吸运动曲线后,用鼻夹夹住受试者大部分鼻孔,请其闭口进行呼吸半分钟,观察呼吸运动曲线的变化。

(9)体育运动对呼吸运动的影响:记录一段平和呼吸运动曲线后,让受试者做起蹲动作1 min后,立即记录呼吸运动曲线的变化。

(10)冷刺激对呼吸运动的影响:请受试者闭目,记录正常呼吸运动曲线后,将受试者的一只手浸入冰水中,观察呼吸运动的改变。

(11)情绪对呼吸运动的影响:让受试者闭目,记录平和呼吸运动曲线后,请受试者回忆令其气愤的事情,观察呼吸运动的变化。

◆二、呼吸通气量的测定

1.仪器准备

单筒肺量计的主要部件有:

(1)测量装置:由两个对口套装的圆筒构成。外筒口向上,筒内有3根通气管。内筒又称浮筒,当外筒灌满水后,通过吹气口向通气管内充气时,内筒可以上浮。根据筒内气体增加的容积,可测出吹入气体的量。

(2)记录装置:浮筒顶端有根吊线,浮筒内容积的变化可以牵动吊线,而吊线的活动又可通过记录笔描记到记录纸上,可以根据需要选择走纸速度,描记出呼吸气量的曲线。

(3)通气管:共3根,开口于浮筒底部。一根是充O_2管,可与外界气体相通,用于调节浮筒内气体成分。另外两根通气管分别装有钠石灰和鼓风机(用于吸去CO_2和推动气流),与吹气口三通管相通。

测量前先将外筒装水至水位表要求的刻度。打开氧气接头,使筒内装有一定量的空气,然后关闭氧气口。转动三通管的开关,关闭肺量计,检查是否漏气。打开电源开关,准备好描笔及记录纸。将描笔调节到记录鼓的中部位置上。

2.肺通气功能的测定方法

将消毒橡皮接口连到三通管上,转动三通开关,打开肺量计,再开慢速走纸挡开关,启动记录键。受试者站立,用力吸气后立即由吹气口向筒内用力呼气,即可测量并记录呼吸气量的变化。连续测3次,计算出平均值。

3.潮气量的测量

每次平静呼吸时吸入和呼出空气的量,成人约500 mL。进行这项测量时,不要用力呼吸。记录气量并重复测3次。然后计算平均潮气量。

4.补吸气量测量

正常吸气之后再用力吸入空气的量,成人约2 800 mL。正常呼吸2—3次后尽量深吸气,接着呼入肺量计内,只是到肋骨复位的正常呼气,不要用力,记录其气量并重复3次。用测量得出的数量减去潮气量即为补吸气量,然后计算平均补吸气量。

5.补呼气量测量

正常呼气之后再用力呼气的气量,成人约 1 000 mL。正常呼吸 2—3 次后用力呼气。重复 3 次,计算平均补呼气量。

6.肺活量测量

肺内全部可交换气体(即潮气、补吸气、补呼气)。正常呼吸 2—3 次后,先深吸气,然后深呼气。记录气量并重复 3 次,计算平均肺活量。

7.计算公式

用下列公式计算每分钟呼吸通气量:潮气量(mL)×每分钟呼吸次数=每分钟呼吸通气量(mL)。

8.填表

将有关结果填入表18-1。

表 18-1　呼吸通气量的测量

项目	潮气量/mL	补吸气量/mL	补呼气量/mL	肺活量/mL	每分钟呼吸通气量/mL
1					
2					
3					
平均					

【注意事项】

(1)测肺活量时,尽量在短时间内完成,呼气时不要停顿。

(2)每个指标测定前,应保证实验者已从上个指标的测定中恢复正常。

思考题 ？

(1)分析讨论各种因素引起呼吸运动变化的机理。

(2)为什么每项实验前都要作对照曲线,而实验后要记录一段恢复过程的曲线?

(3)呼吸通气量受哪些因素的影响?

(4)呼吸通气量如何调节?

实验19 ｜ 家兔呼吸运动的记录及其影响因素的观察

【目的要求】

(1)学习记录家兔呼吸运动的实验方法。

(2)观察并分析肺牵张反射及其他因素对呼吸运动的影响。

【基本原理】

高等动物的正常节律性呼吸运动是在中枢神经系统的参与下,通过多种传入冲动的作用,反射性调节呼吸的频率和深度来完成的。其中肺牵张反射是呼吸节律调节的重要反射之一,其感受器存在于支气管和气管的管壁上,可感受气体量大小的变化,然后形成可传递的神经冲动,调节呼吸运动。内外环境刺激如氧、二氧化碳、氢离子、温度等,可以作用于不同的感受器,反射性地影响呼吸运动以保持内环境的稳定。

【实验材料或器械】

兔、兔手术台、手术器械、带输液管的粗针头、BL-420F生物机能实验系统、张力传感器与滑轮或动物呼吸传感器、压力传感器、20 mL注射器、橡皮管(长1.5 m,内径1 cm)、钠石灰特制低氧瓶、CO_2发生瓶(瓶内加入50%浓硫酸和粉状碳酸氢钠即可产生CO_2气体)、纱布、20%—25%氨基甲酸乙酯、3%乳酸溶液、50 mg/mL尼可刹米注射液、50%硫酸、碳酸氢钠、生理盐水等。

【方法与步骤】

(1)记录呼吸运动的常用方法。

急性动物实验时,记录呼吸运动的方法有三种。一是通过压力传感器与气管插管连接记录;二是通过系在胸(或腹)部、装有张力或压力传感器的呼吸带记录;三是通过张力传感器记录膈肌运动。前面两种实验方法简便,易于操作,不作详细介绍,这里仅重点介绍第三种操作方法。

　　按照实验 13 的方法，将动物麻醉、固定，进行颈部气管及神经分离术，插入气管插管，分离出一侧颈总动脉和双侧迷走神经，穿线备用。

　　(2)剑突软骨分离术。

　　切开胸骨下端剑突部位的皮肤，再沿腹白线切开长约 2 cm 的切口。分离剑突表面的组织(注意勿伤及胸腔)，暴露出剑突软骨与骨柄，用金冠剪剪去一段剑突软骨的骨柄，使剑突软骨与胸骨完全分离，但须保留附于其下方的膈肌片，此时膈肌的运动可牵动剑突软骨。

　　(3)开启生物机能实验系统。

　　(4)将系有长线的金属钩，钩住游离的剑突软骨中间部位，线的另一端通过万能滑轮系于张力传感器的应变梁上，把张力传感器与生物机能实验系统的第 1 通道连接。

　　(5)点击生物机能实验系统菜单"输入信号"，输入"1 通道–呼吸"，调节系统参数，使呼吸曲线显示在显示器上。

　　(6)实验观察。

　　①记录平静呼吸的运动曲线，并识别吸气或呼气运动与曲线方向的关系。

　　②观察增加无效腔对呼吸运动的影响。将长约 1.5 m、内径 1 cm 的橡皮管连于气管插管的一个侧管，用止血钳夹闭气管插管的另一侧管，以增加无效腔，观察并记录呼吸运动曲线的变化。

　　③观察气道阻力对呼吸运动的影响。待呼吸运动恢复正常后，将气管插管的两个侧管同时夹闭数秒钟，观察并记录呼吸运动曲线的变化。

　　④观察肺牵张反射对呼吸运动的影响。夹闭气管插管的一侧管，通过另一个侧管，用 20 mL 注射器吸入 20 mL 空气，用 3 个呼吸节律的时间，徐徐向肺内注入 20 mL 空气，观察并记录呼吸运动曲线的变化。实验后立即打开夹闭的侧管，待呼吸恢复正常。同法，于呼气末用注射器抽取肺内气体，观察并记录呼吸运动曲线的变化。

　　⑤增加吸入气中 CO_2 浓度对呼吸运动的影响。将装有 CO_2 的 CO_2 发生瓶的管口对准气管插管的侧管，使 CO_2 气流随吸入气进入气管，观察高浓度的 CO_2 对呼吸运动的影响。

　　⑥低氧对呼吸运动的影响。将气管插管的侧管连在钠石灰特制低氧瓶上，观察低氧对动物呼吸运动的影响。

　　⑦血中 H^+ 增多对呼吸运动的影响。用 5 mL 注射器由耳缘静脉较快地注入 3% 乳酸溶液 3mL，观察并记录呼吸运动的变化。

　　⑧注射尼可刹米对呼吸运动的影响。兔耳缘静脉注射 50 mg/mL 的尼可刹米，剂量为 2 mL/kg，观察并记录呼吸运动的变化。

　　⑨阻断迷走神经传导对呼吸运动的影响。待呼吸运动恢复正常后，同时结扎双侧迷走神经，观察并记录呼吸运动的变化。

　　⑩在阻断迷走神经传导的基础上，重复上述步骤④的实验，观察并记录结扎前后呼吸运动的变化。

⑪剪断双侧迷走神经,分别刺激中枢端和外周端,观察并记录呼吸运动的变化。

⑫在一侧颈总动脉插入动脉插管,缓慢放血20 mL,观察并记录呼吸运动的变化。

⑬气胸对呼吸运动的影响。剪开并剪断右侧肋骨,造成人工开放性气胸,观察并记录呼吸运动的变化。

【注意事项】

(1)气管插管时,应注意气管通畅并止血。

(2)每一项目实验前,应先描记正常呼吸曲线作为对照。每项观察时间不宜过长,出现效应后,应立即去掉刺激因素,待呼吸运动恢复正常后再进行下一项。

(3)经耳缘静脉注射乳酸时,不要将乳酸外漏,引起动物躁动;使用CO_2时不要超过4 s,以免因吸入过多CO_2而造成呼吸抑制使动物死亡。

(4)电刺激迷走神经中枢端之前,要调整好刺激强度,不要因刺激过强造成兔全身肌张力亢进,发生屏气、血压下降而导致死亡。

思考题

(1)平静呼吸时,如何确定呼吸运动曲线与吸气和呼气运动的对应关系?

(2)CO_2增多、低氧、H^+增多以及注射尼可刹米对呼吸运动有何影响?其作用途径有何不同?

(3)切断迷走神经后,呼吸运动有何变化?迷走神经在节律性呼吸运动中起什么作用?

实验20 | 离体肠段平滑肌的生理特性

【目的要求】

(1)学习离体肠段平滑肌的实验方法。

(2)了解肠段平滑肌的生理特性。

【基本原理】

哺乳动物消化管平滑肌具有肌组织共有的特性,如兴奋性、传导性和收缩性等。但消化管平滑肌又有其特点,即兴奋性较低,收缩缓慢,富有伸展性,具有紧张性、自动节律性,对化学、温度和机械牵张刺激较敏感等。这些特性可维持消化管内一定压力,保持胃肠等一定的形态和位置,适合于消化管内容物的理化变化,在体内受中枢神经系统和体液因素的调节。将离体组织器官置于模拟体内环境的溶液中,可在一定时间内保持其功能。本实验以台氏液作灌流液,在体外观察及记录哺乳动物离体肠段的一般生理特性。

【实验材料或器械】

兔、HW-400恒温平滑肌槽、双凹夹、铁支架、烧杯、培养皿、缝衣针、棉线、张力传感器、BL-420F生物机能实验系统、台氏液、肾上腺素(1∶10 000)、乙酰胆碱(1∶10 000)、阿托品针剂等。

【方法与步骤】

1.恒温平滑肌槽准备

在恒温平滑肌槽的外槽装上自来水,内槽装上台氏液,打开电源开关,转动温度旋钮,将温度设定为37℃,打开充气阀门。

2.制备离体兔肠段

用立掌或木槌猛击兔后头延髓部,致其昏迷后立即剖开腹腔,找到胃幽门与十二指肠交界处。在十二指肠起始端扎一线,剪取十二指肠、空肠,放入冷台氏液内。先冲洗肠内容物,将冲洗干净的肠段剪成若干约1.5 cm长的小肠段。在其两端用棉线结扎,一端通过扎线固定在"W"形的实验钩上,另一端扎线与张力换能器相连。将肠段完全浸浴在调好温度的内槽中,并调整好台氏液充气量。

3.计算机实验系统准备

开启计算机实验系统,接通与张力传感器相连的通道(一般为第1通道)。固定实验钩并调节扎线与张力传感器,使肠段运动自如又能牵动传感器(注意:扎线不可贴壁或过紧过松)。调节增益与扫描速度,使肠段的运动曲线清晰地显示在显示器上并记录肠段活动曲线。

4.实验观察

(1)记录对照肠段运动曲线后,停止供气1 min并记录曲线变化,同时观察肠段紧张度变化。当出现明显变化后,立即恢复供气。用新鲜37℃台氏液冲洗,待恢复正常(注意做好标记)。

(2)记录对照肠段运动曲线后,加入25℃台氏液,并记录曲线变化,同时观察肠段紧张度变化。当出现明显变化后,立即用新鲜37℃台氏液冲洗,待恢复正常。

(3)同法加入45℃台氏液并记录曲线变化,同时观察肠段紧张度变化。当出现明显变化后,立即用新鲜37℃台氏液冲洗并待恢复。

由于以上流出液中未加入药物,可以回收使用。以下加入药物的流出液不可再用。

(4)同法,加入2滴肾上腺素,观察并记录曲线变化。

(5)同法加入1—2滴乙酰胆碱,观察并记录曲线变化。

(6)加入3滴阿托品后立即加入与(5)同样剂量的乙酰胆碱,记录并观察曲线变化。同(5)比较曲线有何不同。

(7)将实验结果填入表20-1中。氧气和温度变化对离体肠段活动的影响记录曲线示例见图20-1。

表20-1　理化因素对离体肠段活动的影响

实验项目		活动频率/(次·min⁻¹)	幅度/g	基线变化
缺氧	对照			
	缺氧			
	恢复			
温度一	对照			
	降温			
	恢复			
温度二	对照			
	升温			
	恢复			
肾上腺素	对照			
	给药			
	恢复			
乙酰胆碱	对照			
	给药			
	恢复			
阿托品	对照			
	给药			
	恢复			

【注意事项】

（1）加药前必须准备好更换用的37℃台氏液。上述药物剂量只是参考,效果不明显可补加,每次加药出现效果后,必须立即更换内槽内的台氏液并冲洗3次,待肠肌恢复正常活动后再观察下一项目。内槽内台氏液要保持一定高度。

（2）游离及取出肠段时,动作要快,取兔肠及兔肠穿线时,尽可能不用金属及手指触及。为保持离体肠段的活性,可先预冷台氏液,游离肠段及穿线在预冷的台氏液中进行。实验中始终要通气。

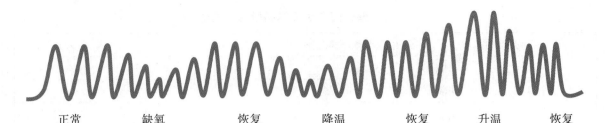

正常　　　缺氧　　　恢复　　　降温　　　恢复　　　升温　　　恢复

图20-1　氧气和温度变化对离体肠段活动的影响记录曲线示例

思考题 ?

(1)本实验中是否可用麻醉动物的肠段？为什么？

(2)进行哺乳类动物离体组织器官实验时,需控制哪些条件？

(3)为什么加入各种药物会引起离体肠段活动的变化？其机理是什么？

(4)加入阿托品后再加入乙酰胆碱,肠段活动受到抑制,为什么？

(5)根据实验结果思考平滑肌的生理特性。

实验 21 │ 温度对鱼类耗氧量的影响

【目的要求】

(1)掌握测定水体溶氧量的基本方法。
(2)了解水温对鱼类耗氧量的影响。

【基本原理】

在一个流水系统中,当不同温度的水以一定的速度流过呼吸室时,由于鱼类的呼吸作用,消耗了水中的溶解氧,通过测定呼吸室进水口和出水口溶解氧和水流量,即可计算出某一温度下鱼的耗氧量。本实验采用温克勒(Winkler)滴定法测定水中的溶氧量。

【实验材料或器械】

鲫鱼(草鱼、金鱼或其他鱼均可)、酸式滴定管、滴定架、250 mL有塞广口瓶、250 mL锥形瓶、移液管、水槽或水族箱、鱼类呼吸室、480 g·L^{-1} MnSO$_4$溶液、碱性碘化钾溶液(称取500 g分析纯NaOH溶解于300—400 mL水中,另取150 g KI溶于200 mL水中,待NaOH溶液冷却后,将两溶液混合,再用水稀释至1 000 mL,贮于棕色瓶中)、浓硫酸、硫代硫酸钠溶液(称取6.2 g硫代硫酸钠溶于煮沸放冷的水中,加入0.2 g碳酸钠,用水稀释至1 000 mL,贮于棕色瓶中。使用前用0.025 mol·L^{-1}重铬酸钾标准溶液标定)、1%淀粉溶液(取2 g淀粉,先加少量水调成糊状,再加入沸水至200 mL,冷却后加入0.1 g水杨酸或0.4 g氯化锌防腐)等。

【方法与步骤】

(1)仪器的连接。

测定鱼类耗氧量的实验装置可分为流水装置和静水装置,本实验采用静水装置。在一个恒温的水槽(或水族箱)中,放一个鱼类呼吸室。事先测定各样品瓶盛满水并塞紧瓶塞时的实际水容积,做好记录。

调整好各实验组水槽温度,使其分别恒温在20 ℃、25 ℃、30 ℃。将鱼称重后放入呼吸室,用垫板升降样品瓶的位置以调节出水的流速。水的流速通过收集一定时间内溢出样品瓶的水量来测定,流速约为 1 mL·(min·g)$^{-1}$。该实验装置测定鱼类的耗氧量一般要求在 1 h 内完成所有样品的采集,因为当水槽中的水位下降到一定水平时水的流速会变慢,需要重新调整流速。

(2)实验项目。

①取水样。经过约 1 h,待呼吸室和样品瓶中的氧达到平衡后,开始从呼吸室出口处取水,作为出水口的水样。取水样时,应将连通呼吸室的导管插入瓶底,并令水外溢约 2—3 瓶的体积。提出导管时应边注入水,边往上提,立即盖紧瓶塞。

②同时取水槽中的水样作为进水口的水样。

③溶解氧的固定。将移液管插入水样瓶液面下方约 0.5 cm,向水样中加入 1 mL $MnSO_4$ 溶液、2 mL 碱性 KI 溶液,立即盖好瓶塞,颠倒混合,静置 3—4 min。

④酸化,析出碘。待瓶中沉淀下沉到瓶的 1/2 高度时,小心打开瓶塞,立即再用移液管插入液面下约 0.5 cm,加入 2 mL H_2SO_4。小心盖好瓶塞,来回剧烈摇动水样瓶,使其充分混合,直至沉淀全部溶解,并有碘析出。放在暗处 5 min。

⑤滴定。用移液管取 50 mL 经上述处理过的水样于 250 mL 锥形瓶中,立即用硫代硫酸钠溶液滴定,至水样呈淡黄色时,加入 1 mL 1% 的淀粉溶液,继续滴定至蓝色刚好消失,记录硫代硫酸钠溶液的用量。每一实验组做 3 个平行样品,取平均值。

(3)计算。

①溶氧量

溶氧量$(mg·L^{-1})=M×V×8×1\,000×50^{-1}$

式中,M 代表硫代硫酸钠溶液浓度$(mol·L^{-1})$;V 代表滴定时消耗的硫代硫酸钠溶液体积(mL)。

②鱼的耗氧量$[(mg·(g·h)^{-1}]$

耗氧量$=(A_1-A_2)×v/W$

式中,A_1 代表进水口溶氧量$(mg·L^{-1})$;A_2 代表出水口溶氧量$(mg·L^{-1})$;v 代表流速$(L·h^{-1})$;W 代表鱼体重(g)。

【注意事项】

(1)水样采集和处理整个过程不能有气体进入,如水样瓶中有气泡,则样品作废。

(2)硫代硫酸钠溶液需要标定。

思考题

(1)除温度外,鱼类的耗氧量还受哪些因素的影响?

(2)统计全班实验结果,以平均值±标准差表示。以温度为横坐标,耗氧量为纵坐标作鱼类耗氧量—温度曲线,并加以分析讨论。

实验22 ｜ 家兔尿生成的影响因素及与血压的关系

【目的要求】

(1)学习用输尿管插管记录尿量的方法。

(2)观察几种因素对尿生成的影响及与血压的关系。

【基本原理】

尿生成的过程包括:肾小球的滤过、肾小管与集合管的重吸收以及肾小管与集合管的分泌三个过程。凡是影响这些过程的因素,都会通过影响尿的生成而引起尿量变化。其中肾小球滤过作用与肾小球毛细血管血压乃至机体血压关系密切,因此影响血压的一些因素对尿生成有直接或间接的影响。

【实验材料或器械】

家兔、兔手术台、常用手术器械(包括手术刀及刀柄、手术剪、手术镊、眼科剪、金冠剪、剪毛剪、玻璃分针等)、生物机能实验系统(包括主机、信号输入线、压力传感器、记滴器、计算机、打印机等)、保护电极、动脉插管、输尿管插管、10 mL量筒、接尿器皿、注射器(2 mL、20 mL)及针头、20%—25%氨基甲酸乙酯溶液、20%甘露醇、20%葡萄糖溶液、肝素溶液(200 U/mL)、呋塞米(速尿)、温热生理盐水(38 ℃)、肾上腺素溶液(1:10 000)、垂体后叶素(5 U/mL)等。

【方法与步骤】

1.麻醉动物

取家兔一只,称重并剪去耳缘静脉上的被毛。用20 mL注射器由耳缘静脉缓慢推注20%(25%)氨基甲酸乙酯(1 g/kg)进行麻醉。注射时注意:先从耳缘静脉尽可能远心端注射(第一次注射不成功时,可稍向近心端注射),注射时速度要慢,并随时观察动物情况。当动物四肢松软、呼吸变深变慢、角膜反射迟钝时,表明动物已被麻醉,即可停止注射。

2.固定与剪毛

将动物背位固定于手术台上,用剪毛剪将颈部手术野的被毛剪去,即可进行手术。

3.手术

(1)切开颈部皮肤,分离气管并进行插管。分离出迷走神经并穿线备用。分离右侧颈总动脉,在动脉上穿两条备用棉线,分别打上活结,将两线分别拉至分离出的动脉两端备用。(2)动脉插管:首先用5 mL注射器从耳缘静脉注入肝素(200 U/kg)以防凝血。然后在颈总动脉进行动脉插管以记录血压。方法如下:将动脉头端(远心端)的备用线尽可能靠头端结扎(务必扎紧,以防渗血),然后在另一备用线的向心侧(尽可能近心端),用动脉夹夹闭。轻轻提起动脉头端的结扎线,用锐利的眼科剪在靠近扎线的稍后方,沿向心方向斜向剪开动脉上壁(注意:不可只剪开血管外膜,也切勿剪断整个动脉,剪口大小约为管径的一半)。一手持弯头眼科镊,将其一个弯头从剪口处插进动脉少许,轻轻挑起剪开的动脉上壁,另一手将准备好的动脉插管由开口处插入动脉管内。如果插入较浅,可用一手轻轻捏住有插管进入的动脉管壁,另一手拿住动脉插管,顺势轻轻推进6—8 mm(如果手感滞涩,说明插管并未进入动脉,必须退出插管,重新剪口再插),用备用线将动脉连同进入的插管扎紧(插管不可因扎线松动而滑出,也不可漏液),并将余线系在插管的固定侧支上,以免滑脱。注意:插管应与动脉血管的方向一致,以防插管尖端扎破动脉管壁。轻轻取下向心端动脉夹,可见动脉血与插管内液体混合。再取下通向压力传感器的止血钳,此时显示器上出现血压的波动曲线。(3)在下腹部耻骨联合前方剪开皮肤,沿腹白线剪开腹壁(切勿伤及其下方的膀胱),剪口以能将膀胱拉出体外为度(勿因剪口过大暴露其他器官组织)。膀胱的正常位置是输尿管腹面,当轻轻拉出并反转膀胱时,输尿管则位于膀胱的前方。仔细辨认并分离一侧输尿管,进行输尿管插管手术引流尿液。安装好记滴装置,接通生物机能实验系统的输入通道并记录正常尿滴速度(滴/min)。调节血压通道与记录尿滴速度通道的扫描速度一致,同时记录正常血压与尿量。

4.实验观察

(1)记录较稳定的血压与尿量后,由耳缘静脉注射温热生理盐水30 mL(速度稍快些),观察并记录指标变化。

(2)待血压、尿量平稳后,同上法注射肾上腺素溶液0.2—0.5 mL,记录指标变化。

(3)待血压、尿量平稳后,同法注射15 mL葡萄糖,记录指标变化。

(4)待血压、尿量平稳后,同法注射垂体后叶素2单位,记录指标变化。

(5)待血压、尿量平稳后,注射呋塞米(20 mg/kg),记录指标变化。

(6)待血压、尿量平稳后,注射20%甘露醇(3 mL/kg),记录血压、尿量的变化。

(7)待血压、尿量平稳后,用中等强度的电流连续刺激右侧迷走神经5—10 s,记录指标变化。

(8)从颈总动脉处分段放血,观察指标变化。

(9)将观察记录到的结果填入表22-1。

表22-1　不同因素对家兔尿量和动脉血压的影响

影响因素	尿量/(滴/min)		尿量变化率/%	血压/mmHg		血压变化率/%
	对照	实验		对照	实验	
生理盐水						
肾上腺素						
葡萄糖						
垂体后叶素						
呋塞米						
甘露醇						
刺激右侧迷走神经						
放血 10 mL						
放血 20 mL						
放血 30 mL						

【注意事项】

(1)实验前给兔多喂青菜或饮水。

(2)麻醉要小心控制药量和进程速度,防止动物麻醉期间死亡。

(3)颈部手术分离肌肉要注意采用钝性分离操作,防止出血。

(4)动脉血管插管以及实验结束拆下插管都要注意防止操作失误引起动脉血液喷漏。常见的操作失误包括:忘记必要的结扎,误用止血钳代替动脉夹或动脉夹边缘过于锋利夹破动脉,动脉插管固定不牢固而滑脱等。

(5)麻醉和注射肝素、其他实验药品都要用到耳缘静脉注射,所以要注意保持兔耳的状态,尽量提高注射成功率。

(6)注意保持分离出的神经活性,不要暴露在空气中干燥太久。

(7)手术切口不宜过大,避免损伤性闭尿。剪开腹膜时,注意勿伤及内脏。

(8)输尿管插管时,应仔细辨认输尿管,要插入输尿管腔内,勿插入管壁与周围结缔组织间,插管应妥善固定,防止滑脱。

(9)刺激右侧迷走神经时,注意刺激强度不要过强,时间应短,避免血压急剧下降,心脏停止搏动。

(10)分析结果时要注意血压和尿量之间的关系。

思考题

(1)本实验观察记录的各个项目中,尿量和血压等发生变化,试分析出现这些变化的机制。

(2)为什么注射垂体后叶素后,观察反应的时间要长些？试从观察结果分析其抗利尿作用和缩血管作用。

(3)血压与尿量之间有什么关系？

(4)尿的生成受哪些因素的影响或调节？其机制是什么？

实验23 | 反射时的测定及反射弧的分析

【目的要求】

(1)学习测定反射时的方法。

(2)了解反射弧的组成。

【基本原理】

从皮肤接受刺激至机体出现反应的时间为反射时。反射时是反射通过反射弧所用的时间,完整的反射弧则是反射的结构基础。反射弧的任何一部分缺损,原有的反射不再出现。由于脊髓的机能比较简单,所以常选用只毁脑的动物(如脊蛙或脊蟾蜍)为实验材料,以利于观察和分析。

【实验材料或器械】

蟾蜍或蛙、常用手术器械(包括手术刀及刀柄、手术剪、手术镊、眼科剪、金冠剪、玻璃分针、毁髓针等)、蛙嘴夹、蛙板、小烧杯、小玻璃皿、小滤纸片、棉花、纱布、秒表、0.5%及1%硫酸溶液、2%普鲁卡因等。

【方法与步骤】

(1)取一只蟾蜍(或蛙),只毁脑,制成脊蟾蜍(或脊蛙)。

(2)用蛙嘴夹夹住脊蟾蜍下颌,悬挂于支架上(图23-1)。将蟾蜍右后肢的最长趾浸入0.5%硫酸溶液中2—3 mm(浸入时间最长不超过10 s),立即记下时间(以秒计算)。当出现屈反射时,则停止计时,此为屈反射时。立即用清水冲洗受刺激的皮肤并用纱布擦干。重复测定屈反射时3次,求出均值作为右后肢最长趾的反射时。用同样方法测定左后肢最长趾的反射时。

(3)用手术剪自右后肢最长趾基部环切皮肤,然后再用手术镊剥净最长趾上的皮肤。用硫酸刺激去皮的最长趾,记录结果。

图23-1 反射时的测定

（4）改换右后肢有皮肤的趾，将其浸入硫酸溶液中，测定反射时，记录结果。

（5）取一浸有1%硫酸溶液的滤纸片，贴于蟾蜍右侧背部或腹部，记录擦或抓反射的反射时。

（6）剪开右侧股部皮肤，分离出坐骨神经穿线备用。用一细棉条包住分离出的坐骨神经，在细棉条上滴几滴2%普鲁卡因溶液后，每隔2 min重复步骤4（记录加药时间）。

（7）当屈反射刚刚不能出现时（记录时间），立即重复步骤5。每隔2 min重复一次步骤5，直到擦或抓反射不再出现为止（记录时间）。记录加药至屈反射消失的时间及加药至擦或抓反射消失的时间，并记录反射时的变化。

（8）将左侧后肢最长趾再次浸入0.5%硫酸溶液中（条件不变），观察反射时有无变化。毁坏脊髓后再重复实验，记录结果。

【注意事项】

（1）每次实验时，要使皮肤接触硫酸的面积不变，以保持相同的刺激强度。

（2）刺激后要立即洗去硫酸，以免损伤皮肤。

思考题

以实验结果为根据，以严密的逻辑推理方式说明反射弧的几个组成部分。

实验24 ｜ 脊神经背根与腹根的机能观测

【目的要求】

（1）学习暴露脊髓和分离脊神经背根、腹根的方法。

（2）了解背根和腹根的不同机能。

【基本原理】

脊神经背根从脊髓的背角发出，主要由传入神经纤维组成，具有传入机能。若切断背根，则相应部位的刺激不能传入中枢。脊神经腹根从脊髓的腹角发出，主要由传出神经纤维组成，具有传出机能。若切断腹根，不能传出冲动，则其所支配的效应器不能发生反应。

【实验材料或器械】

蟾蜍或蛙、金冠剪、弯头金冠剪、生物机能实验系统、小型弯头露丝电极、蛙板、蛙腿夹、滴管、棉花、红色和白色细丝线、任氏液等。

【方法与步骤】

（1）取一只蟾蜍或蛙，只毁脑，制成脊蟾蜍或脊蛙。将脊蟾蜍或脊蛙腹位固定于蛙板上。沿背部中线剪开皮肤，向前开口至耳后腺水平，向后开口至尾杆骨中段。用剪刀小心剪去脊椎两侧的纵行肌肉及椎间肌肉，暴露椎骨。

（2）用金冠剪横向剪断环椎，然后将弯头金冠剪小心伸入椎管，从前到后逐节剪断两侧椎弓，移去骨片，暴露全部脊髓。

（3）用眼科镊轻轻挑开脊髓表面的银灰色或黑色脊膜，再用任氏液冲洗马尾部，小心识别第7—10对脊神经背根和腹根（图24-1）。用玻璃分针分离一侧第9对脊神经的背根、腹根，将背根穿两条白色丝线，腹根穿两条红色丝线备用。

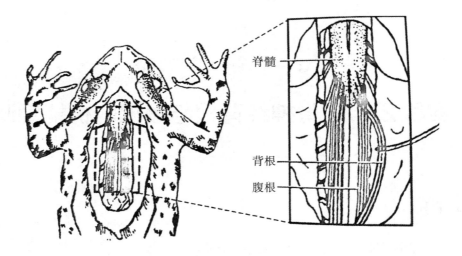

图24-1　暴露的蟾蜍脊髓背根、腹根

（4）实验观察。

①提起白丝线，轻轻用刺激电极钩起背根，打开生物机能实验系统中的刺激功能，用较弱的单脉冲刺激背根，观察是否仅引起同侧后肢抖动，记录结果。

②用同样方法刺激腹根，记录结果。

③将两条白色丝线双结扎背根后从中间剪断神经，用同样的强度分别刺激其中枢端和外周端，记录结果。

④用同样方法结扎并剪断腹根，重复刺激背根中枢端，记录结果。

⑤分别刺激腹根中枢端和外周端，记录结果。

【注意事项】

（1）背根近椎间孔处有淡黄色、半个小米粒大小的脊神经节，注意识别。

（2）刺激背根和腹根的强度不宜过强，刺激持续时间不宜过长，以免损伤神经。

根据实验结果，说明背根和腹根的机能。

实验25 | 家兔大脑皮层运动区的刺激效应

【目的要求】

(1)学习哺乳动物的开颅方法。

(2)用电极刺激家兔大脑皮层并观察大脑皮层运动区的刺激效应。

【基本原理】

大脑皮层一定区域管理一定部位的肌肉运动,大脑皮层运动区是躯体运动机能的高级中枢,电刺激该区的不同部位,可以引起躯体不同部位的肌肉运动。

【实验材料或器械】

家兔、兔手术台、常用手术器械(包括手术刀及刀柄、手术剪、手术镊、止血钳、眼科剪、金冠剪、剪毛剪等)、咬骨钳、骨钻、生物机能实验系统(包括主机、刺激信号输出线、计算机、打印机等)、银丝双电极、注射器(20 mL)及针头、棉球、棉线、20%—25%氨基甲酸乙酯溶液、液状石蜡、0.9%生理盐水等。

【方法与步骤】

(1)取一只家兔,耳缘静脉注射氨基甲酸乙酯(1 g/kg),将其麻醉后腹位固定于手术台上。用剪毛剪将头顶部被毛剪去,再用手术刀由眉间至枕骨部纵向切开皮肤,沿中线切开骨膜。用手术刀柄自切口处向两侧剖开骨膜,暴露额骨及顶骨(图25-1)。用骨钻在一侧的顶骨上开孔(勿伤及脑组织)后,将咬骨钳小心伸入孔内,自孔处向四周咬骨以扩展创口。向前开颅至额骨前部,向后开至顶骨后部及人字缝之前(切勿掀动人字缝前的顶骨,以免出血不止)。按图25-1的开颅区域,暴露双侧大脑半球。

(2)用眼科剪小心剪开脑膜,暴露脑组织。将温热生理盐水浸湿的薄棉片盖在裸露的大脑皮层上(或滴几滴液状石蜡)防止干燥。

（3）放松动物四肢，用棉球吸干脑表面的液体。将无关电极固定在头部切开的皮肤上，先用刺激电极接触皮下肌肉，调节刺激强度。以引起肌肉收缩的最小刺激强度及25—30 Hz的频率刺激大脑皮层的不同区域，观察躯体肌肉的反应。绘出大脑半球背面观的轮廓图，标出躯体肌肉运动的代表区域（图25-2）。

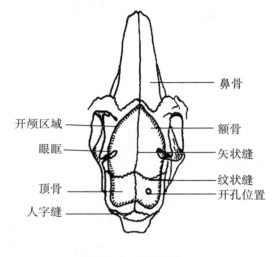

图25-1 开颅部位

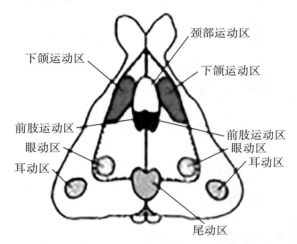

图25-2 家兔大脑皮层运动区的刺激效应区

【注意事项】

（1）麻醉不宜过深，刺激不宜过强。

（2）开颅术中应随时止血，不要伤到大脑皮层，用温热生理盐水经常保持大脑皮层的湿润。

（3）刺激大脑皮层时，每次刺激应持续5—10 s才能确定有无反应。

思考题

❓

（1）根据实验结果，说明大脑皮层运动区的机能特征。

（2）试分析刺激大脑皮层引起后肢骨骼肌收缩的神经通路。

实验26 | 损伤小鼠一侧小脑的效应

【目的要求】

通过对一侧小脑损伤后的小鼠躯体运动异常表现的观察,了解小脑在运动机能控制中的作用。

【基本原理】

小脑具有维持身体平衡、调节肌紧张和协调肌肉运动等机能。小脑损伤后,随着损伤程度的不同,可表现出不同程度的肌紧张失调及平衡失调。一侧小脑损伤后的动物,躯体运动会表现出异常。

【实验材料或器械】

小鼠、常用手术器械、大头针、麻醉口罩、乙醚或乙酸乙酯、棉花等。

【方法与步骤】

(1)用乙醚或乙酸乙酯麻醉小鼠。注意观察呼吸,若呼吸变慢,表示动物已麻醉。

(2)手术暴露小脑所在的颅顶位置。从头顶部到耳后沿正中线剪开皮肤。将颈肌向下剥离,透过透明的颅骨即可看清小脑的位置。

(3)用大头针刺穿颅骨并向下刺入小脑2—3 mm(图26-1),捣毁一侧小脑。

(4)观察小白鼠的异常运动行为。

损伤较轻时,向健侧旋转。损伤较重时,向损伤侧翻滚。

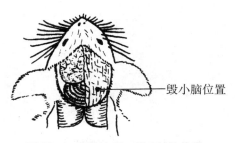

毁小脑位置

图26-1 损伤小鼠一侧小脑的位置

(5)小鼠实验后的处理。将实验后的小鼠拉断颈椎处死,将小鼠尸体放入动物废弃物专用收集袋内,暂存于冰箱或冰柜中待规范处理。

【注意事项】

(1)麻醉不宜过深。麻醉过深,动物易死亡或实验效果不好。
(2)用大头针刺破小脑时不可深刺,以免损伤脑干而导致小鼠死亡。

(1)根据实验结果分析小脑的生理机能。

(2)为什么本实验中只损毁小鼠的一侧小脑?如果两侧小脑同时损毁会有什么结果?

实验27 | 声波传入内耳的途径

【目的要求】

掌握气导和骨导的检测方法,并比较两种途径的特征。

【基本原理】

空气传导(气导)是正常人耳接受声波的主要途径,由此途径传导的声波刺激经外耳、鼓膜和听小骨传入内耳。骨传导(骨导)的功效远低于气导,由骨传导途径传导的声波刺激经颅骨、耳蜗管壁传入内耳。敲响音叉后,先后将音叉置于颅骨和外耳道入口处,可以证明两条传播途径的存在,并进行比较。

【实验材料或器械】

音叉(频率为C_1 256 Hz或C_2 512 Hz)、棉花、胶管等。

【方法与步骤】

(1)比较同侧耳的气导和骨导。

①保持室内安静,受试者取坐姿。检查者敲响音叉后,立即置音叉柄于受试者的颞骨乳突部。此时,受试者可听到音叉振动的嗡嗡声。随时间的延续,声音渐弱,乃至消失。

②当受试者刚刚听不到声音时,立即将音叉移到外耳道入口,听力正常的受试者又可听到声音。而先置音叉于外耳道入口,当刚刚听不到声音时立即将音叉放置在颞骨乳突部,受试者仍不能听到声音。

上述实验证明了听力正常者的气导时间比骨导时间长。

③用棉球塞住受试者外耳道,重复上述实验,听力正常者的气导时间缩短,等于或小于骨导时间。

（2）比较两耳骨传导。

①将敲响的音叉柄置于受试者前额正中发际处，令其比较两耳感受到的声波响度。正常人两耳感受机能近同，且测试音波向两耳传送的距离相同，途径近似，因此两耳所感受到的声波响度基本相同。如果某侧音响强度增加，则该侧骨导增强。

②用棉球塞住受试者一侧外耳道，重复上述操作，询问受试者两耳感受到的声音有什么变化或受试者感到声音偏向哪一侧。

③取出棉球，将胶管一端塞入受试者被检测耳孔，管的另一端塞入另一人某侧耳孔。然后将发音的音叉柄置于受试者的同侧（插胶管侧）乳突上，另一人则可通过胶管听到声音。

【注意事项】

（1）当敲响音叉时，用力不可过猛，切忌在坚硬物品上敲击以防损坏音叉。

（2）音叉放在外耳道时，应使振动的方向正对外耳道，防止音叉叉支触及耳廓、皮肤或毛发。

（3）音叉置于外耳道入口时，二者相距1—2 cm，并且音叉叉支的振动方向应对准外耳道。

思考题

（1）为何气导功效大于骨导？

（2）如何用声波传导途径实验鉴别传导性耳聋和神经性耳聋？

实验28 | 视敏度测定

【目的要求】

了解测定视力的原理,学习测定视力的方法。

【基本原理】

眼睛能分辨两点间最小距离的能力称为视敏度(即视力)。通常以能看清文字或图形的最小视角为衡量视敏度的标准。测定视力的视力表就是根据此原理设计制作的。以往常用国际标准视力表检查视力。该视力表有从大到小依次排列的"E"字形图形。受试者站在距表5 m远处,能看清第10行的"E"字缺口,缺口两缘所形成的视角为1分角,视力为1.0,作为正常视力的标准。计算公式为:

视力=1/(5 m远处受试者能看清物体的视角)

或=d(受试者能看清某物体的最远距离)/D(正常视力能看清该物体的最远距离)

目前我国测定视力用标准对数视力表。计算公式为:视力=5−log a。a为5 m远处能看清物体的视角。

【实验材料或器械】

标准视力表、指示棒、遮眼罩、米尺等。

【方法与步骤】

(1)将视力表挂在光线均匀、充足的墙壁上,视力表的高度要适中。

(2)受试者位于视力表前5 m远处,用遮眼罩遮住一只眼,用另一只眼注视视力表,按实验者的指点说出表上图形缺口的方向。由表的上端依次向下端测试,直到受试者能看清楚的最小图形为止。表旁所注的数字即为受试者的视力。

(3)用同样的方法测试另一眼的视力。

【注意事项】

(1)用遮眼罩遮眼时,勿压眼球,以防影响测试。

(2)受试者与视力表的距离要测试准确。

思考题

(1)受试者在2.5 m远处才能看清第10行的图形,受试者的视力是多少?为什么?

(2)分析视力、视角、视标大小和受试者与视标间距是何关系。

实验29 ‖ 小动物呼吸速率的测定

【目的要求】

(1)通过本实验,了解呼吸速率测定的原理及方法。

(2)了解各种不同大小的小动物的呼吸速率以及呼吸速率和动物体形大小之间的关系。

【基本原理】

生物体与外界环境之间物质和能量的交换以及生物体内物质和能量的转变过程,叫新陈代谢。新陈代谢中,生物体把从外界环境中摄取的营养物质转变成自身的组成物质并贮藏能量,叫同化作用或合成代谢。同时,生物体又把组成自身的一部分物质分解,释放出其中的能量并把代谢的最终产物排出体外,叫异化作用或分解代谢。异化作用通常在有氧条件下进行,即生物体内的糖类、脂类和蛋白质等有机物在细胞内被氧化分解生成二氧化碳和水等代谢终产物,并释放出能量供生命活动利用。可以通过测定氧气消耗量来了解小动物的呼吸速率。从绝对值看,大型动物在同样时间内比小型动物消耗更多的氧气,但是,如果比较同样是1 g重的动物组织,就会发现小型动物的呼吸速率比较高。例如,一只鼠的呼吸速率远比一头大象的呼吸速率高。这是因为大象的身体表面积和体积之比值较小,大象比鼠相对散热较少,因而只需消耗相对较少的能量来维持体温。本实验采用简单的装置及药品来测定小动物(如小白鼠、蝗虫、蜥蜴等)的呼吸速率,并比较不同大小的小动物的呼吸速率。

【实验材料或器械】

小白鼠或蝗虫、蜥蜴等小动物,玻璃管或透明塑料管,有刻度的细玻璃管,橡皮塞,海绵泡沫,小动物体重秤,NaOH颗粒,肥皂液等。

【方法与步骤】

(1)将有关器材组装成小动物呼吸速率测定器(图29-1)。

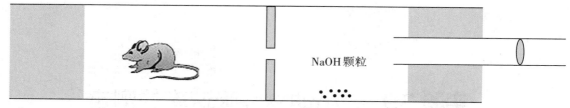

图29-1　小动物呼吸速率测定器

（2）装置中左右两侧的橡皮塞要塞紧而不漏气；右侧橡皮塞中央打一小孔，并插一根有刻度的细玻璃管，细玻璃管右端有一彩色小肥皂液滴。

（3）用一小块海绵泡沫（或软木塞）把玻璃管（或透明塑料管）分成左、右两个小室，右室略小并放有若干粒氢氧化钠颗粒，左室用来放置小动物。

（4）实验开始时先称出小动物的质量，再将小动物放入左侧小室，并立即记下小肥皂液滴所在位置和时间。当小动物呼吸时，会消耗玻璃管中的氧气，产生的二氧化碳则通过海绵泡沫塞上的小孔进入右侧小室，被氢氧化钠颗粒所吸收。这样，随着小动物的呼吸，玻璃管中的气体逐渐减少，细玻璃管内的小液滴由于大气压的缘故向左移动。小液滴在细玻璃管中的移动速率就代表了小动物的呼吸速率。

（5）测定一段时间内（比如10 min）小动物的耗氧量，则可计算出该动物的有氧呼吸速率。呼吸速率的单位为"毫升/（克·小时）"。其中质量可以通过实验前称量小动物得到，"毫升（氧）"可以从有刻度的细玻璃管上直接得出，"小时"为实验时间。

（6）比较不同的小动物的呼吸速率，并分析其存在差异的原因。

（7）举例：小动物1质量为20 g，10 min内耗氧量为10 mL，则该动物的耗氧率为：

$10 \div [20 \times (10 \div 60)] = 3$ mL/（g·h）；

小动物2质量为5 g，10 min内耗氧量为5 mL，则该动物的耗氧率为：

$5 \div [5 \times (10 \div 60)] = 6$ mL/（g·h）。

【注意事项】

（1）放入小动物之前要检查整个装置是否漏气。

（2）应在20—25 ℃室温下进行实验，尽量减少声、光对动物的刺激。

思考题

（1）呼吸速率测定的原理和方法是什么？

（2）呼吸速率测定的条件是什么？

实验30 ∣ 破坏动物一侧迷路的效应

【目的要求】

（1）学习破坏动物迷路的实验方法。

（2）观察迷路在调节肌张力和维持机体姿势中的作用。

【基本原理】

动物内耳迷路中的前庭器官是感受头部空间位置和运动的感受器装置,其功能是反射性地调节肌紧张,维持机体的姿势和平衡。如果损害动物的一侧前庭迷路器官,机体肌紧张的协调就会发生障碍,动物在静止或运动时就会失去维持正常姿势与平衡的能力。

【实验材料或器械】

豚鼠、蛙(蟾蜍)或鸽子,常规手术器械,探针,棉球,滴管,水盆,蛙板,纱布,氯仿,乙醚等。

【方法与步骤】

（1）破坏豚鼠的一侧迷路。

取正常豚鼠1只,侧卧固定,使动物头部侧位不动,抓住耳廓轻轻上提暴露外耳道,用滴管向外耳道深处滴注2—3滴氯仿。氯仿通过渗透作用于半规管,破坏该侧迷路的机能。7—10 min后放开动物,观察动物头部位置、颈部和躯干及四肢的肌紧张度。可见到动物头部偏向迷路功能被破坏了的一侧,并出现眼球震颤症状。让其自由活动时,可见豚鼠向迷路功能被破坏了的一侧做旋转运动或滚动。

（2）破坏蛙的一侧迷路。

选择1只游泳姿势正常的蛙,用乙醚将其麻醉。将蛙的腹面朝上,用镊子夹住蛙的下颌并向下翻转,使其口张开。用剪刀沿颅底骨剪除颅底黏膜,可看到"十"字形的副蝶骨。副蝶骨左右两侧的横突就是迷路所在的部位,将一侧横突骨质剥去一部分,可看到小米粒大小的小白丘。用探针刺入小白丘,深约2 mm,以破坏迷路(图30-1)。7—10 min后,观察蛙静止和爬行的姿势及游泳的姿势。可观察到动物头部偏向迷路被破坏的一侧,游泳时也偏向迷路被破坏的一侧。

图30-1 蛙迷路的破坏位置(×处所示)

(3)破坏鸽子的一侧迷路。

首先观察鸽子的正常运动姿势,然后用乙醚轻度麻醉鸽子,切开头颅一侧的颞部皮肤,用手术刀削去颞部颅骨,用尖头镊子清除骨片后就可看到3个半规管了。

用镊子将半规管全部折断,然后缝合皮肤。待鸽子清醒后观察它的站立姿势有无变化。将鸽子放在高处让其飞翔,观察其飞行姿势有无异常。将鸽子放在笼子里,旋转笼子,观察鸽子头部及全身的姿势反应,与正常鸽子相比有何不同。

【注意事项】

(1)氯仿是一种高脂溶性的全身麻醉剂,其用量要适度,以防动物麻醉致死。
(2)蛙的颅骨板很薄,损伤迷路时要准确了解解剖部位,用力适度,以防损伤脑组织。

思考题

破坏动物的一侧迷路后,在站立或运动时其身体姿势有何改变? 原因是什么?

实验31 | 胰岛素、肾上腺素对动物血糖的影响

【目的要求】

了解胰岛素、肾上腺素对动物血糖的影响,分析其作用机制。

【基本原理】

血糖含量主要受激素的调节。胰岛素可使血糖浓度降低,肾上腺素可使血糖浓度升高。对实验动物注射适量的胰岛素,可见低血糖症状的出现,然后注射适量肾上腺素,可见低血糖症状消失,从而了解胰岛素和肾上腺素对血糖的影响。

【实验材料或器械】

兔、小鼠、金鱼或鲫鱼,鼠笼,动物体重秤,注射器,针头,烧杯,量筒,恒温水浴锅,胰岛素,0.1% 肾上腺素,10% 葡萄糖溶液,20% 葡萄糖溶液,生理盐水,酸性生理盐水等。

【方法与步骤】

(1)胰岛素、肾上腺素对兔血糖的影响。

①取禁食24—36 h的兔4只,称重后分别编号,1只为对照兔,3只为实验兔。

②给3只实验兔分别从耳缘静脉按30—40 U/kg的剂量注射胰岛素,对照兔则从耳缘静脉注射等量的生理盐水。经1—2 h,观察并记录各兔有无不安、呼吸急促、痉挛甚至休克等低血糖反应。

③待实验兔出现低血糖症状后,立即给实验兔1静脉注射温热的20%葡萄糖溶液20 mL;实验兔2按0.4 mL/kg的剂量静脉注射0.1%肾上腺素;实验兔3静脉注射等量的温热生理盐水,观察并记录结果。

(2)胰岛素、肾上腺素对小鼠血糖的影响。

选4只体重相近的小鼠,按兔的实验方法分组。给3只实验鼠每只皮下注射1—2 U的胰岛素,对照鼠同法注入等量生理盐水。等实验鼠出现低血糖症状后,1只腹腔或尾静脉注射20%葡萄糖

溶液1 mL,1只皮下或尾静脉注射0.1%肾上腺素0.1 mL,1只腹腔或尾静脉注射1 mL生理盐水作对照,观察并记录实验结果。

(3)胰岛素、肾上腺素对金鱼血糖的影响。

准备3个烧杯,分别作A、B和C标记,A烧杯中加入300 mL水及0.75 mL胰岛素,B烧杯中加入10%葡萄糖溶液300 mL,C烧杯中加入0.1%肾上腺素溶液300 mL。

把金鱼(或鲫鱼)放入A烧杯中,胰岛素通过鱼鳃的毛细血管循环扩散入血液,注意观察金鱼(或鲫鱼)的行为,记录出现昏迷所需的时间,并观察金鱼(或鲫鱼)昏迷时的活动状况。

当金鱼(或鲫鱼)昏迷后,小心地分别转入烧杯B中和烧杯C中。观察金鱼(或鲫鱼)发生的变化并记录金鱼恢复活动所需的时间。

【注意事项】

(1)配制、稀释胰岛素溶液时,应使用pH 2.5—3.5的酸性生理盐水,因为胰岛素只有在酸性环境中才有效应。

(2)实验动物在实验前须禁食24 h以上。

思考题

(1)调节血糖的激素主要有哪些?各有何生理作用?

(2)分析糖尿病产生的原因及治疗方法。

实验32 ｜ 甲状腺素在蝌蚪变态发育中的作用

【目的要求】

通过甲状腺素对蝌蚪变态作用的观察,了解甲状腺对动物机体发育的影响。

【基本原理】

甲状腺分泌的甲状腺素除维持机体的正常代谢作用外,还参与胚胎的发育过程,可以促进组织的分化和成熟。蝌蚪的变态明显受甲状腺素的影响,甲状腺素缺乏,蝌蚪就不能变成蛙,若增加甲状腺素,则可加速蝌蚪变成小蛙。

【实验材料或器械】

蝌蚪、烧杯、培养皿、尺子、勺子、甲状腺素片或新鲜甲状腺、10%碘化钾等。

【方法与步骤】

(1)准备3个500 mL的烧杯,每个烧杯盛300 mL池塘水,分别编号。第1个烧杯作对照组,池塘水中不加任何物质;第2个烧杯中滴加10%碘化钾溶液数滴;第3个烧杯中加6—12 μg甲状腺素。

(2)取长度约10 mm的蝌蚪18只,分成3组,每组6只,放于上述3个烧杯中。各烧杯的水及所加物质隔日更换一次。

(3)每次换水时测蝌蚪长度,并观察其变态情况,做好记录(表32-1)。蝌蚪长度的测量:可用小勺子将其舀出,放在培养皿内,再将培养皿放在一方格纸上(1 mm×1 mm),以方便测量。

表 32-1　蝌蚪长度变化的记录

烧杯编号	饲养前长度/mm	饲养后长度/mm									
		3 d	6 d	9 d	12 d	15 d	18 d	21 d	24 d	27 d	30 d
1											
2											
3											

(4)绘制并比较蝌蚪的生长曲线。

【注意事项】

甲状腺素的量不能加入过多,否则会造成蝌蚪的死亡。

思考题

(1)甲状腺素的生理作用主要有哪些?

(2)加入碘化钾的作用是什么?

实验33 | 应用免疫检测法进行妊娠检验

【目的要求】

掌握妊娠检验原理,学习早期妊娠检测的免疫检测方法。

【基本原理】

在妊娠早期,胎盘所分泌的人绒毛膜促性腺激素(HCG)就会出现在妊娠者的尿液中。通过用抗HCG的血清对尿液进行免疫检测是否含有HCG,从而判断是否妊娠。检测用的试剂为抗HCG的血清和吸附有HCG的乳胶颗粒悬液。两种试剂直接混合,会发生抗原—抗体的凝集反应,结果出现明显的凝集乳胶颗粒。若先将含有HCG的尿与抗血清充分混合,一定时间后再加入吸附有HCG的乳胶颗粒悬液,由于抗血清中的抗体完全被尿中的HCG结合了,就不能与吸附有HCG的乳胶悬液发生凝集反应,结果乳胶仍为乳液状。若尿中没有HCG,则会有明显的乳胶凝集颗粒出现。

【实验材料或器械】

抗HCG血清、吸附有HCG的乳胶颗粒悬液、显微镜、载玻片、玻璃蜡笔、牙签、吸管、孕妇尿、非孕妇尿等。

【方法与步骤】

(1)用玻璃蜡笔在载玻片上端左右角上分别标注A和B,然后将载玻片置于黑色背景下。用干净的吸管分别在靠近A和B的位置滴加孕妇尿和非孕妇尿,再各加抗HCG血清1滴,用牙签充分混合,并使液面直径达2.5 cm。前后左右缓慢连续摇动载玻片30—60 s。

(2)再各滴加吸附有HCG的乳胶颗粒悬液1滴,用牙签搅匀,连续摇动2 min后观察结果。如果在2 min之内有明显均匀凝集颗粒者为阴性;而在5 min后仍无凝集颗粒者为阳性。

【注意事项】

（1）孕妇尿以晨尿为好。

（2）室温以20 ℃为宜，过低则反应缓慢。提高温度能加速反应，但不要超过37 ℃。

（3）滴加在载玻片上的各种液体的液滴大小应均匀一致。

思考题

（1）实验中所用的乳胶颗粒的作用是什么？

（2）在整个妊娠期都能检测到尿中的HCG吗？

实验34 ┃ 设计性实验1

实验题目:影响神经冲动传导速度的因素。

参考影响因素:温度(37 ℃),NaCl(5%),KCl(3%),普鲁卡因(2%)。以实验小组为单位,按以下格式和要求设计出实验。

【目的要求】

设计的实验要解决什么问题? 达到哪些目的? 有何要求?

【基本原理】

所设计实验的科学依据,包括神经冲动传导速度的测定原理及影响神经冲动传导的因素等。

【实验材料或器械】

包括实验动物的种类、数量,实验器材及试剂药品清单。

【方法与步骤】

可用文字、框图形式表述实验方法,实验各步骤、环节。要体现出实验的原则,科学地选取实验指标,合理安排实验步骤。以下提纲仅供参考。

(1)蛙类坐骨神经标本的制备。

(2)仪器、用品的准备。

①仪器设备的连接。

②生理溶液和试剂的准备。

(3)实验观察。

①观察记录温度对神经冲动传导速度的影响。

②观察记录5% NaCl对神经冲动传导速度的影响。

③观察记录3% KCl对神经冲动传导速度的影响。

④观察记录2%普鲁卡因对神经冲动传导速度的影响。

【预期结果】

预测实验的可能结果:验证了原理或是否有新的发现。

【注意事项】

估计实验中可能出现的问题,并提出解决的方法。

围绕实验原理、实验过程及实验结果等,设计出可供进一步思考的问题。

实验35 设计性实验2

可选题目:

(1)证明静息电位与K^+的关系。

(2)证明动作电位与Na^+的关系。

(3)影响骨骼肌兴奋—收缩耦联的因素。

(4)利用蟾蜍或蛙离体心脏观察影响心输出量的因素。

(5)抗利尿激素对水通透性作用的观察。

(6)鱼类的体色反应。

以实验小组为单位,在可选题目中任选一题目,按以下格式和要求设计出实验。

【目的要求】

设计的实验要解决什么问题? 达到哪些目的? 有何要求?

【基本原理】

所设计实验的科学依据。针对某一具体问题,运用可行的或理论上可行的方法手段,证明或分析之。

【实验材料或器械】

包括实验动物的种类、数量,实验器材及试剂药品清单。

【方法与步骤】

可用文字、框图形式表述实验方法,实验各步骤、环节。要体现出实验的原则,科学地选取实验指标,合理安排实验步骤。

【预期结果】

预测实验的可能结果:验证了原理或是否有新的发现。

【注意事项】

估计实验中可能出现的问题,并提出解决的方法。

思考题

围绕实验原理、实验过程及实验结果等,设计出可供进一步思考的问题。

附录一　常用生理溶液的成分及配制方法

附表1-1　常用生理溶液成分表

成分	任氏液/mL	乐氏液/mL	台氏液/mL	生理盐水/mL	
				两栖类	哺乳类
NaCl	6.5	9.0	8.0	6.5—7.0	9.0
KCl	0.14	0.42	0.2	—	—
$CaCl_2$	0.12	0.24	0.2	—	—
$NaHCO_3$	0.20	0.1—0.3	1.0	—	—
NaH_2PO_4	0.01	—	0.05	—	—
$MgCl_2$	—	—	0.1	—	—
葡萄糖	2.0	1.0—2.5	1.0	—	—
蒸馏水	均加至1 000 mL				

1.配制生理溶液时应先将上述各种成分分别溶解后,再逐一混合,$CaCl_2$或$NaHCO_3$最后加入混合,最后再加蒸馏水至1 000 mL。

2.各种生理溶液的用途。

生理盐水:其是与血浆等渗的NaCl溶液。

任氏液:常用于两栖类及其他冷血动物。

乐氏液:常用于温血动物的心脏、子宫及其他离体脏器。用作灌注液者用前须通入氧气泡15 min。

台氏液:常用于温血动物的离体小肠。

附录二　常用实验动物的一般生理常数参考值

附表 2-1　常用实验动物的一般生理常数参考值

动物	体温（直肠温度）/℃	呼吸频率/（次·min⁻¹）	潮气量/mL	心率/（次·min⁻¹）	血压(平均动脉压)/kPa	总血量/%(占体重百分比)
家兔	38.5—39.5	10—15	19.0—24.5	123—304	13.3—17.3	5.6
狗	37.0—39.0	10—30	250—430	100—130	16.1—18.6	7.8
猫	38.0—39.5	10—25	20—42	110—140	16.0—20.0	7.2
豚鼠	37.8—39.5	66—114	1.0—4.0	260—400	10.0—16.1	5.8
大白鼠	38.5—39.5	100—150	1.5	261—600	13.3—16.1	6.0
小白鼠	37.0—39.0	136—230	0.10—0.23	328—780	12.6—16.6	7.8
鸡	40.6—43.0	22—25	—	178—458	16.0—20.0	—
蟾蜍	—	不定	—	36—70		5.0
青蛙	—	不定	—	36—70		5.0
鲤鱼	—	—	—	10—30		—

参考文献

[1]解景田,刘燕强,崔庚寅.生理学实验.4 版.北京:高等教育出版社,2016.

[2]杨秀平.动物生理学实验.北京:高等教育出版社,2004.

[3]项辉,龙天澄,周文良.生理学实验指南.北京:科学出版社,2008.

[4]左明雪.人体及动物生理学.4 版.北京:高等教育出版社,2015.

[5]杨秀平,肖向红,李大鹏.动物生理学.3 版.北京:高等教育出版社,2016.